COMMENT MAGNÉTISER

DU MÊME AUTEUR
aux Éditions Bussière

Comment utiliser le pendule
exercices et applications

Comment utiliser les aimants
et soulager ses douleurs

Protéger son domicile

ISBN : 978 285090 304 5

Robert CONTE

COMMENT MAGNÉTISER

Dessins de Patricia et de l'auteur

Éditions Bussière
34, rue Saint-Jacques
75005 PARIS

AU PROGRAMME

1ère PARTIE

2ème PARTIE

Avertissement au lecteur

Le magnétisme humain n'est pas une médecine, il renforce les défenses immunitaires de l'organisme

Cette phrase revient régulièrement dans le texte qui suit ; ce n'est pas par hasard, puisque nous n'y faisons pas de médecine, l'intention étant de soulager la douleur par les moyens dont la nature nous a dotés et à la portée de ceux qui veulent se donner la peine d'apprendre à s'en servir.
Mais la souffrance endormie ne doit pas faire oublier le mal établi.
Quelle que soit la douleur, la cause sera prise en considération et médicalement traitée.
Une évidence à rappeler parce que ce qui va sans dire va encore mieux en le disant.

1ère PARTIE

Qu'est-ce que le *magnétisme* ?

On désigne par ce mot *l'attraction d'un corps sur un autre comme par un aimant.*

Pourquoi ne pas l'avoir appelé *aimantisme ?*

Parce que les Grecs utilisaient les aimants qu'ils trouvaient dans deux petites cités d'Asie Mineure (Turquie) appelées *Magnesia.*

On qualifia de *magnétiques* les phénomènes observés sur les aimants et de *magnétisme* la science étudiant ces phénomènes. Le cadre est très étendu puisqu'il touche aussi bien la simple aimantation des métaux que les disques et les cartes de crédit.

Dans les pages qui suivent, nous aborderons la troisième voie, celle du *magnétisme humain* que tout être vivant possède en lui et qui peut soigner un organe malade par l'imposition des mains.

C'était la plupart du temps, avec les plantes, la méthode universelle et la seule médecine connue.

2 000 ans avant J.C., les peuples dits primitifs savaient profiter de ces atouts majeurs que dame nature leur offrait gracieusement. Le Pharaon lui-même se faisait projeter du fluide *Sa* (nom du magnétisme) auquel les Égyptiens attribuaient trois vertus essentielles : *ankh,* la vie, *dad,* la santé, *ouzer,* la force. La déesse Isis, épouse d'Osiris et mère d'Horus, pratiquait cet art sur son jeune fils.

— *Pose ta main sur la douleur et que la douleur s'en aille*, conseillait un papyrus d'époque.

Quant aux rois de France, ils avaient, après leur sacre, le "pouvoir" de guérir les *écrouelles* (*scrofule* provoquant des fistules) en les touchant de la main.

— *Le roi te touche, Dieu te guérisse !* disait le monarque qui faisait du magnétisme sans le savoir.

Henri IV touchant les écrouelles

Au cours des siècles, de nombreux *magnétiseurs* ont opéré pour le bien de l'humanité.

Mesmer

Franz Anton Mesmer, médecin autrichien (1733-1815), prétendit avoir découvert le remède à toutes les maladies dans les propriétés de ce qu'il appelait le *magnétisme animal*, par opposition à celui de l'aimant.

le baquet de Mesmer, d'après une estampe d'époque

À Paris, en 1778, les malades affluent dans le cabinet où il invente le *baquet* pour soigner dix personnes à la fois.

Il s'agit d'une cuve de 50 cm de haut, emplie d'eau et contenant, au fond, une couche de limaille de fer et de verre pilé. Sur celle-ci, des bouteilles pleines d'eau sont couchées et tournées vers le centre du *baquet* pour les unes, vers l'extérieur pour les autres. Le couvercle est percé de trous par lesquels sortent des tiges de fer que saisissent les malades, debout ou assis autour du *baquet,* se touchant par les pouces ou étant réunis par une ficelle.

Chacun applique le bout de la tige sur la partie, si intime soit-elle, du corps malade, pendant que Mesmer fait des *passes* ou des *attouchements magnétiques* sans se soucier de la pudeur.

La lumière est savamment tamisée et il fait jouer de l'harmonica en assurant que la musique douce favorise le *magnétisme.*

L'affluence est immense, voire incontrôlable, et Mesmer veut alors trop en faire.

Il se fait construire une clinique somptueuse, et, en voulant mettre sa panacée au service de tous, plante de ses mains un arbre rue de Bondy où des milliers de malades s'attachent et attendent des guérisons hypothétiques.

D'autre part, certains filous croient avoir trouvé son secret, installent des *baquets* chez-eux et se mettent à magnétiser à leur tour. La manie devient si générale que le résultat se retourne contre lui.

La reine Marie-Antoinette, Autrichienne comme lui, intervient, mais il refuse la proposition qu'elle lui fait de créer une *école de magnétisme* ; c'était pourtant la reconnaissance de son art.

Le revirement brutal de l'opinion l'oblige à fuir en oubliant, dit-on, d'emporter son *baquet,* mais pas la somme énorme qu'il avait gagnée avec lui.

Un aérostat appelé *le Vendangeur* est lancé des Tuileries sur lequel on peut lire :

— *Adieu, baquet, vendanges sont faites !*

Mais la commission royale de 1784 condamne le *Mesmérisme* à cause de “l'intimité de ses soins” et de son danger sur les mœurs...

En 1779, Mesmer a résumé son système en 27 propositions où il affirme que tous les êtres, animés ou inanimés, sont soumis à l'influence d'un agent universel : *le fluide magnétique* qui peut se transmettre et grâce auquel l'homme peut guérir les maladies. Mesmer a-t-il servi le *magnétisme* ?

Marquis de Puységur

Armand-Marc de Chastenet, marquis de Puységur, né en 1751, mort en 1825, était officier dans l'artillerie lorsqu'il fut emprisonné pour avoir correspondu avec ses frères émigrés ; maire de Soissons, nommé par Louis XVIII lieutenant général, il devint adepte du *Mesmérisme*. Il considérait le *magnétisme* comme de l'*électricité animale* n'ayant besoin d'aucune machine pour agir sur ses semblables. Sa doctrine se résumait ainsi : *croire et vouloir.*

Volonté active vers le bien, croyance ferme en sa puissance, confiance entière en l'utilisant.

Puységur utilisa un certain temps, à l'instar de son maître, le *baquet* ; néanmoins, il lui préféra un arbre dont il disait qu'il était pourvu d'un mouvement vital qui se communiquerait aux malades qui tenaient des cordes descendant des branches.

Personne n'a repris sa technique.

Deleuze : Jean-Philippe Deleuze, contemporain

du précédent, naquit à Sisteron en 1753, fut naturaliste, mourut en 1835. Bien qu'opposé à la méthode de Puységur, il participa à une de ses séances et, devant le résultat, en revint tout à fait convaincu de son efficacité.

En homme prudent, il n'énonçait que ce dont il avait la preuve du résultat. Il écrivit l'*Instruction pratique,* suivie par de nombreux magnétiseurs.

Durville

Le père, Hector (1849-1924), et ses trois fils, André, Gaston et Henri, créèrent, à Paris, une école de magnétisme et la société dite "Ordre Eudiatique" visant à magnifier l'être humain en ce qu'il a de plus élevé.

Si on étudie l'étymologie du mot *eudiatique,* on s'aperçoit qu'il vient du grec *eudia,* sérénité. Une base philosophique sur laquelle les trois hommes se sont appuyés pour le bien de leurs prochains.

Hector et son fils Henri ont écrit *Les actions psychiques à distance, Pour devenir magnétiseur,* et *Cours de magnétisme personnel.*

Notre arme : l'immunité

La maladie est favorisée par une forte baisse des défenses immunitaires. Pour refouler la première, il suffit de renforcer les secondes.

C'est une bataille perpétuelle, même si elle est, le plus souvent, imperceptible. Notre organisme se comporte comme une armée sur la défensive, il rend coup pour coup, mais, quand il est débordé, la maladie s'installe et occupe le terrain fragilisé et réceptif à l'infection. Par la suite, celle-ci n'en sera que plus rebelle aux efforts thérapeutiques faits à coups de produits chimiques.

Pour nous protéger en permanence, nous avons une défense : ***l'immunité*** (latin *immunis* : exempt).

On peut la comparer à une frontière naturelle, à l'instar d'un fleuve ou d'une chaîne montagneuse pour un pays.

Une frontière qui se divise en deux groupes :
l'immunité spécifique,
l'immunité non spécifique.

L'immunité spécifique

L'immunité spécifique peut-être *génétique.*

Les armes peuvent être *naturelles* ou *acquises.*

Elles sont *naturelles* pour ceux qui sont nés avec et qui l'ignorent souvent en évitant sans le savoir des maladies. Certains naissent avec de meilleures armes que les autres ou les acquièrent après avoir guéri d'une infection, par exemple.

Elles peuvent aussi être *acquises* ou *artificielles,* par vaccination.

Ou par sérothérapie, une méthode permettant, à l'inverse de la vaccination, une protection immédiate et de courte durée, utilisée dans les maladies toxiques ou d'envenimation : tétanos, diphtérie, morsures de serpent, piqûres, etc...

Cependant, on ne peut encore être vacciné contre toutes les maladies.

L'immunité non spécifique

Nous avons vu dans la catégorie précédente que tout le monde n'est pas logé à la même enseigne, la nature n'accordant pas les mêmes faveurs à la naissance. Dans celle-ci, c'est l'inverse.

Nous disposons tous des mêmes éléments pour nous battre, encore faut-il savoir les exploiter.

Ce sont des barrières empêchant la pénétration des agents *pathogènes* (du grec *pathos* : souffrance et *génésis* : origine) telles que la peau, les muqueuses (fosses nasales, bronches, tube digestif), la sueur, les larmes, le mucus, la salive...

Lorsque des agents *pathogènes* franchissent ces barrières, c'est la maladie assurée.

Les *bacilles* (latin *bacillum,* baguette), *bactéries* (grec *baktêrios,* petit bâton), *microbes* (*mikros-bio,* petite-vie), *germes* (graines), *virus* (latin, venin), et divers autres micro-organismes nous environnent ; ils sont dans l'air que nous respirons, l'eau que nous buvons, la nourriture dont nous nous régalons...

Les minuscules organismes représentés ci-après et leurs semblables sont déterminés à nous mener la vie dure si nous n'y prenons garde !

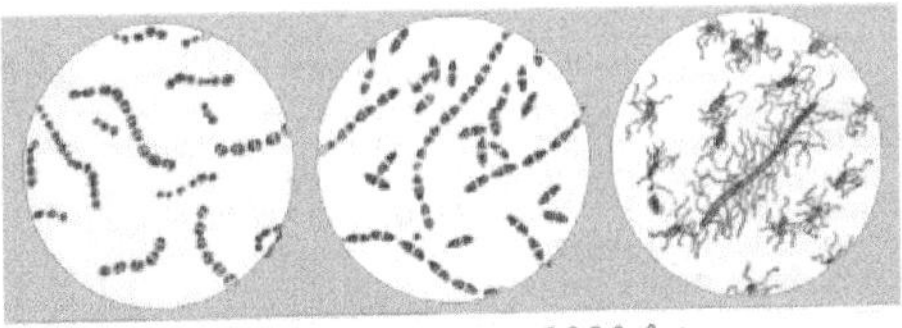

Bactéries grossies 1000 fois :
streptocoque, pneumocoque, typhoïde...

Littéralement, on peut traduire *streptocoque* par “graine recourbée” et *thyphoïde* par “torpeur”.

La modernité nous fait commettre une grande et tragique erreur en stérilisant notre entourage. Ceux qui vivent dans la nature sans précaution exagérée sont en meilleure forme parce que leur immunité est mieux entraînée à se défendre ! La compagnie d'animaux devrait, sauf en cas d'allergie évidente, être conseillée pour une bonne santé des enfants... Nous en reparlerons en conclusion.

Ainsi, nous connaissons maintenant mieux nos principaux ennemis, surtout ceux contre lesquels le *magnétisme humain* aura le plus d'effet.

Car il ne faut pas s'illusionner :

Le magnétisme humain n'est pas
une médecine propre à tout guérir !
Il se contentera de renforcer sensiblement
les défenses immunitaires de notre organisme.

Et c'est déjà beaucoup !

Pour les grosses interventions médicales, on se doit de persévérer avec son thérapeute préféré, il est le seul à en avoir le droit.

Mieux vaut prévenir que guérir, a dit quelqu'un qui ressemblait à Confucius.

Alors, faisons de la prévention !

Le magnétisme humain

Le *magnétisme humain* peut s'expliquer, d'une manière empirique, en le comparant à l'*aura.*

L'*aura* (latin : *souffle de lumière*) est une espèce de

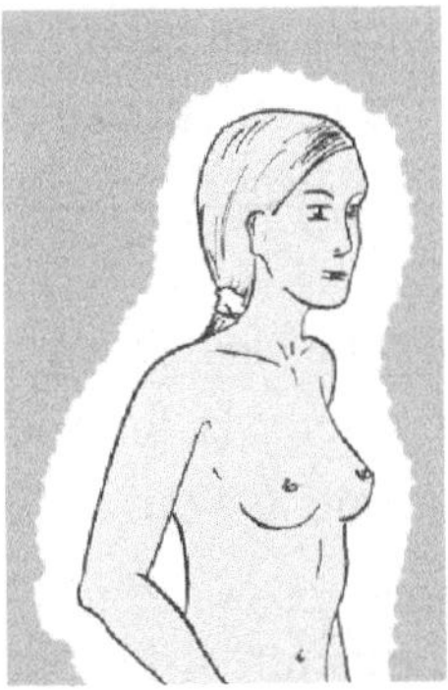

halo luminescent enveloppant le corps et “visible” des seuls initiés, les médiums.

Le *magnétisme* n'est visible de personne mais se disperse un peu de la même manière.

Par contre, il est facile de le “sentir” par la chaleur ou les picotements qu'il engendre.

L'une comme l'autre sont difficiles à quantifier et il faut une certaine habitude pour les discerner de façon concrète sans avoir le sentiment diffus de tomber dans l'occultisme...

Qui peut magnétiser ?

Tout être humain en bonne santé physique et psychique peut magnétiser.

Une mère consolant son enfant contre elle fait du magnétisme que son bébé ressent très bien.

Toutefois, si une tierce personne prend le même bébé dans les bras, il pleurera à nouveau. On dit :

— C'est parce qu'il ne vous connaît pas...

Pas tout à fait, car cette personne ne peut aimer comme une mère et ne diffusera pas autant de vrai magnétisme ; l'enfant ne s'y trompe pas, lui.

Le magnétisme est amour !

C'est aussi simple que ça.

L'indifférence est son ennemie.

C'est en famille qu'on voit le mieux son effet ; le mari peut devenir le "guérisseur" de son épouse et de son enfant, et elle lui rendra le même service si le besoin se fait sentir.

Certains prétendent que l'attirance des sexes a de l'influence : l'homme soigne mieux la femme, celle-ci étant meilleure avec l'homme. Ce qui n'est pas absolu, mais seulement logique.

En tout cas, et au risque de se répéter, il faut se mettre dans la tête que sans un minimum d'amour il est inutile (voire déconseillé) de magnétiser qui que ce soit ; le résultat ne sera certainement pas à la hauteur de l'espoir...

Le *fluide magnétique* peut néanmoins être très dissemblable suivant les personnes : certaines ont un fluide frais pénétrant lentement et subtilement, calmant et rafraîchissant, d'autres un fluide chaud pénétrant fortement et rapidement, son effet étant plus puissant. On reconnaît le second au toucher de sa main qui est chaude, voire brûlante parfois.

Une main moite serait à éviter, son fluide n'est pas assez porteur.

Peut-on mesurer ce fluide ? Théoriquement oui, par *l'effet Kirlian.* Mais ce n'est pas à la portée de tout le monde. Le Russe Semyon Kirlian était un ingénieur travaillant sur des appareils électriques à haute fréquence et haut voltage qui découvrit, par le plus grand des hasards, en 1939, des émissions électroniques impressionnant une plaque sensible en couronne autour de ses doigts.

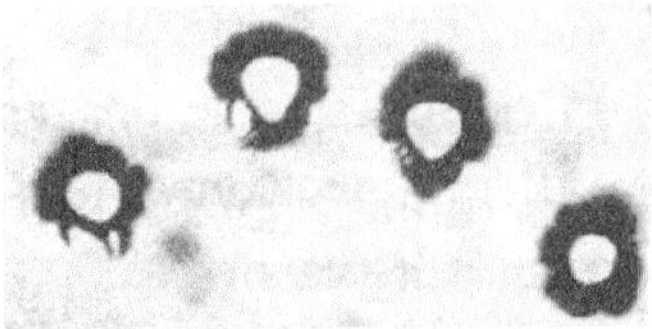

Effet Kirlian sur 4 doigts de la main droite

Elles formaient une sorte de *halo* et il en déduisit que c'était la traduction photographique de l'*aura.* On ne sut jamais la suite, car les Russes ne dévoilèrent ses travaux que dans les années 60... Les occidentaux n'en ont pas tenu un grand compte et ils ne furent jamais exploités, la politique ayant eu le dernier mot...

On peut prouver son existence, car la main est le diffuseur numéro un

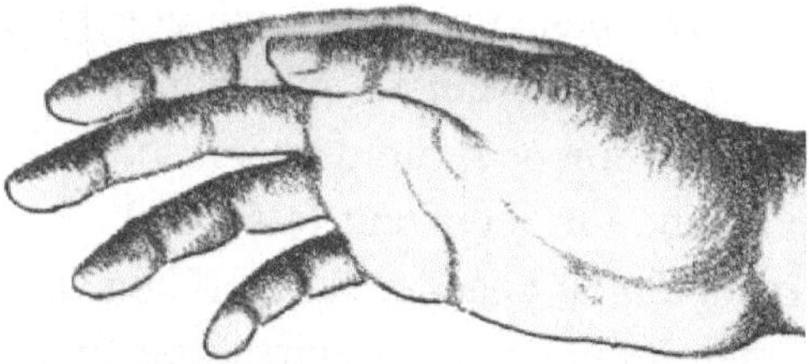

Une main naturellement ouverte et immobilisée à deux centimètres au dessus de la peau d'un tiers diffusera sur celle-ci une légère et douce chaleur aussitôt ressentie. C'est ça, le *magnétisme.*

Toutes les parties du corps dispensent ce fluide salvateur. Cependant, on utilise essentiellement la main à cause de sa mobilité ; elle peut s'appliquer n'importe où et bouger.

L'essai avec un chien profondément endormi est intéressant si on laisse la main entrouverte et parfaitement immobile à deux centimètres au dessus de lui, sans bruit : il s'éveillera alors doucement, calmement, et voudra faire durer le plaisir...

Sans le savoir, nous avons inéluctablement tous pratiqué le magnétisme un jour ou l'autre, que ce soit sur un coup ou une brûlure, lorsque nous y portons la main par réflexe ! La douleur est alors en partie calmée le plus naturellement qui soit et personne ne trouve la chose inhabituelle.

Faites quelques petites expériences prouvant le magnétisme de vos mains et son efficacité :

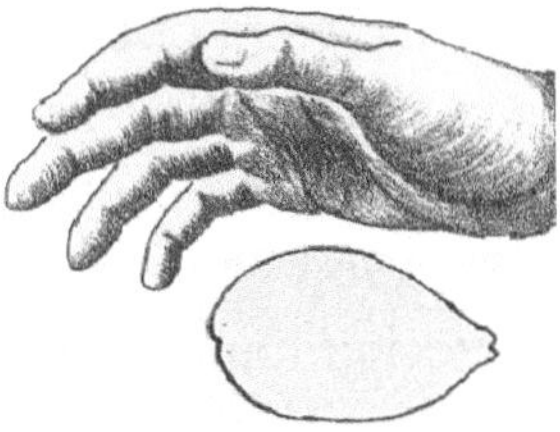

1 - prenez deux citrons identiques ; conservez-en un à l'abri, dans un endroit sec et frais, il servira de témoin ; imposez une main sur le second, sans le toucher, dix minutes par jour, décontracté, en faisant autre chose, devant la télévision si vous le voulez. Le témoin commencera à pourrir très vite, mais le vôtre sèchera... En quelques jours, vous obtiendrez un citron totalement séché, dur comme la pierre et qui se conservera indéfiniment.

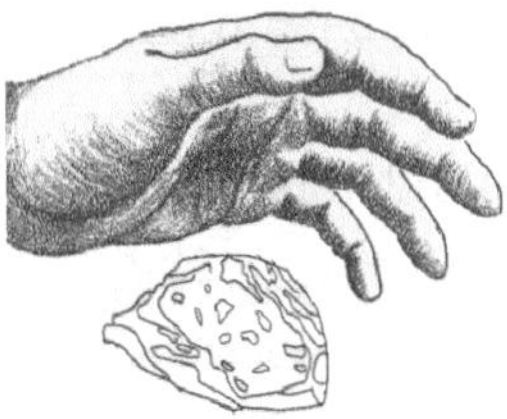

2 - Faites exactement la même chose avec deux petits morceaux de viande et le résultat, quoique un peu plus long à obtenir, sera comparable.

Attention, la “décontraction” ne signifie pas un relâchement total : vous songerez au résultat que vous voulez obtenir sans toutefois vous crisper, ce qui serait néfaste au magnétisme ; en effet, on peut comparer celui-ci à un muscle qui a besoin d'exercice pour se sentir en forme. Plus on le fait travailler, mieux il s'exprimera !

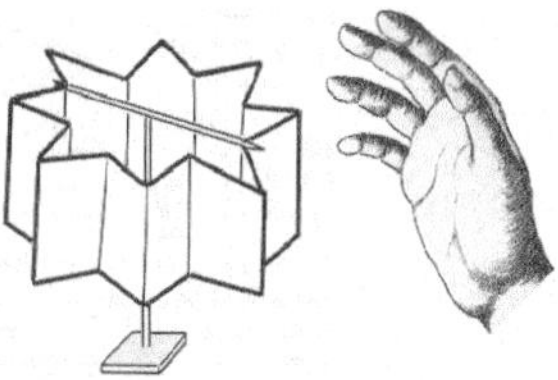

3 - L'*octogire* : découper dans une feuille de papier une bande de 6 cm et la plier 8 fois en accordéon ; accrocher tout en haut une aiguille métallique assez longue ; planter sur un socle (gomme ou liège) un axe sur lequel on pose l'ensemble. Approcher la main et l'*octogire* se mettra à tourner plus ou moins vite en fonction de l'influence magnétique de la main.

Quelques règles à respecter :

1 - Recharger la *batterie magnétique* en marchant pieds nus sur la terre ou au bord de l'eau.

2 - Prendre un aimant dans chaque main pendant cette promenade de dix minutes.

3 - Apprendre à respirer profondément.

4 - Bouger, faire au moins un sport (marche).

5 - Avoir une nourriture saine et sans excès.

6 - Dormir assez, mais pas trop (6-7 h).

7 - S'entraîner au magnétisme tous les jours.

8 - Le(la) croyant(e), n'hésitera pas à faire des invocations à son saint patron.

S'il(elle) ne sait auquel s'adresser, lire :

Protéger son domicile (même auteur, même éditeur).

La polarité du corps humain

L'étude de la polarité du corps humain exigerait de longues heures pour être complète, les pôles étant situés dans des parties bien définies.

Par souci de simplicité et de compréhension, on déterminera simplement une polarité générale qui donnera un résultat largement suffisant ; nous en prendrons le meilleur sans nous lancer dans des considérations hermétiques.

Voici donc, simplifiée, notre polarité :

Notre corps est partagé en deux pôles : le Nord et le Sud, que l'on nomme *négatif* et *positif*.

On les distingue par les signes :

Pôle Nord - *négatif* : (-)

Pôle Sud - *positif* : (+)

Pour s'en souvenir, penser que les mots Nord et *négatif* ont la même initiale : N.

Première complication : les humains se classent en deux catégories : DROITIER et GAUCHER.

Polarité du DROITIER

DEVANT : côté droit *positif* (+)
côté gauche *négatif* (-).
DOS : l'inverse : côté droit *négatif* (-)
côté gauche *positif* (+)

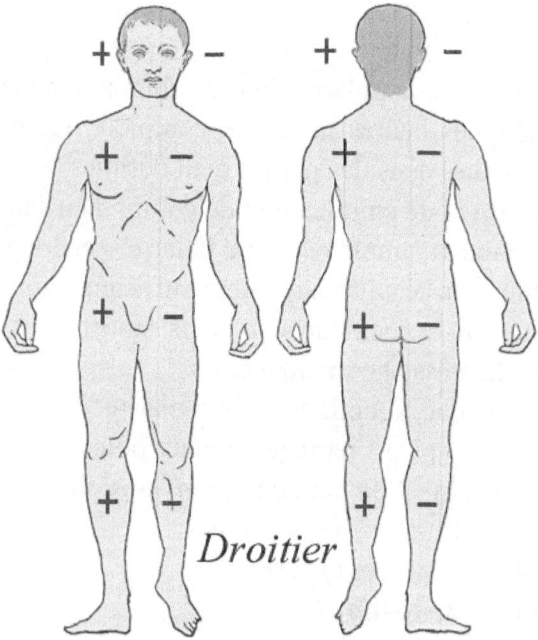

La polarité du GAUCHER est opposée à celle du droitier.

Polarité du GAUCHER

DEVANT : côté droit *négatif* (-)
côté gauche *positif* (+)
DOS : l'inverse : côté droit *positif* (+)
côté gauche *négatif* (-)

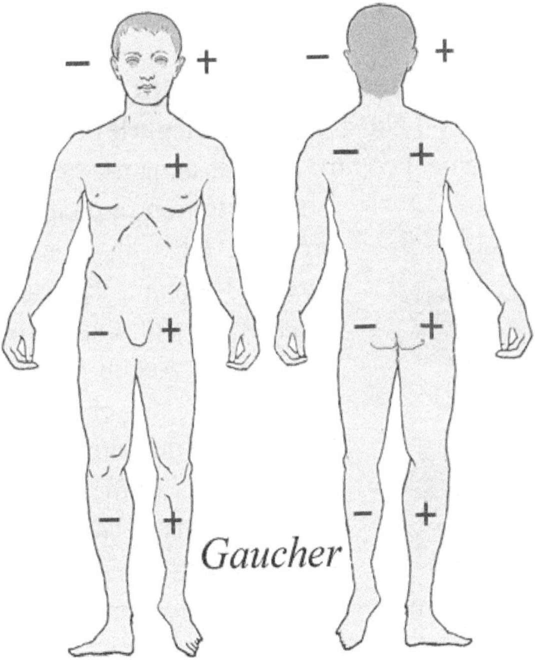

Cet axiome, difficile à démontrer et néanmoins évident étant acquis, la polarité servira d'appui pour soulager, apaiser, calmer une douleur ou, au contraire, exciter, animer, activer une fonction.

Rappelons qu'en matière de polarisation,
les pôles opposés s'attirent,
les pôles identiques se repoussent.
En résumé :
positif (+) Sud *attire* **négatif (-) Nord,**
négatif (-) Nord *attire* **positif (+) Sud,**
alors que :
positif (+) Sud *repousse* **positif (+) Sud,**
négatif (-) Nord *repousse* **négatif (-) Nord.**
Exactement comme avec les aimants.

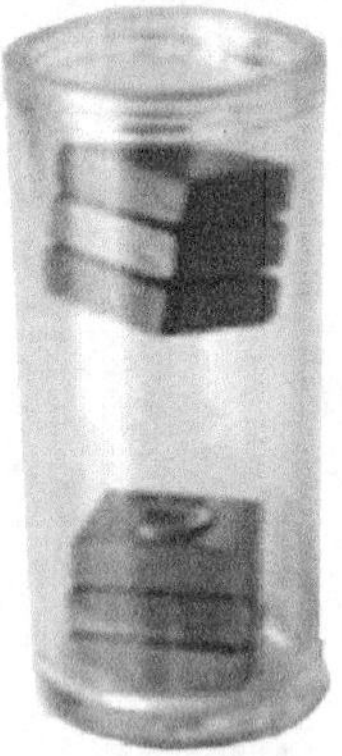

L'illustration ci-contre nous présente, dans un tube transparent, 3 aimants en bas et 3 aimants en haut. Quel prodige les sépare ? Aucun ! Les 3 du haut sont tenus en l'air par l'opposition de ceux du bas.

Étant placés pôles Nord (-) face à face, ils se contrarient et se repoussent.

Ils sont simplement en *lévitation magnétique* !

(extrait de *Comment utiliser les aimants et soulager ses douleurs*, même auteur, même éditeur)

Les *positions* déterminent l'action.

Position HÉTÉRONOME

Grec *heteros,* autre, différent, et *nemein,* donner, administrer, distribuer. Les deux parties mises en présence sont différentes et s'attirent.

La main droite d'un droitier est *positive* ; elle est imposée sur le genou gauche *négatif* d'un autre droitier. Par l'attirance des pôles opposés, l'action sera apaisante, calmante, soulagera la douleur et remettra rapidement le malade sur pied.

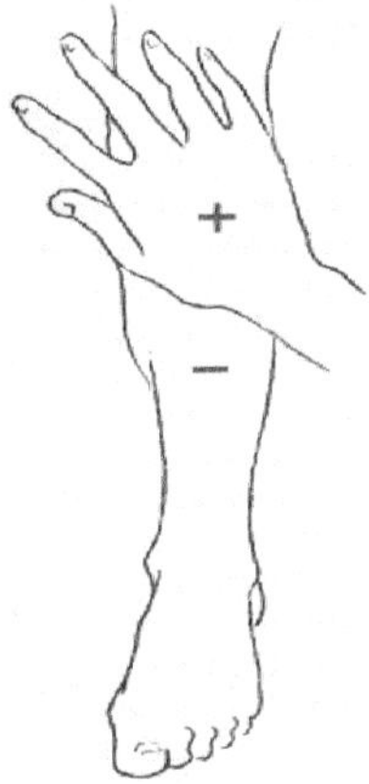

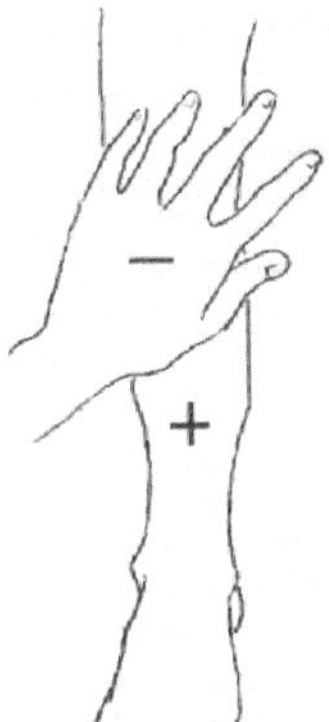

Si le malade est un gaucher, son genou sera *positif* ; il faudrait que le magnétiseur change de main et impose plutôt la gauche qui sera *négative.*

Ainsi sera respectée la position *hétéronome,* calmante et apaisante, le malade y trouvant son bonheur...

Position ISONOME

Du grec *isos,* semblable, égal, et *nemein,* donner, administrer, distribuer. Les deux parties mises en présence sont semblables et se repoussent.

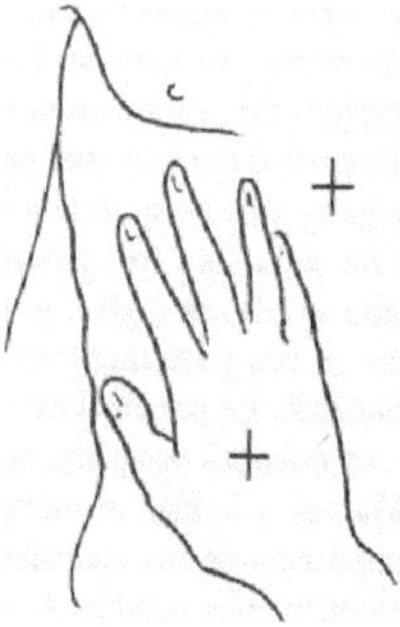

La main droite d'un droitier est *positive* ; elle est imposée sur le côté droit *positif* d'un autre droitier. Les pôles semblables se repoussant, l'action, puissante, excitante, réveillera l'organe fatigué et remettra rapidement le malade sur pied.

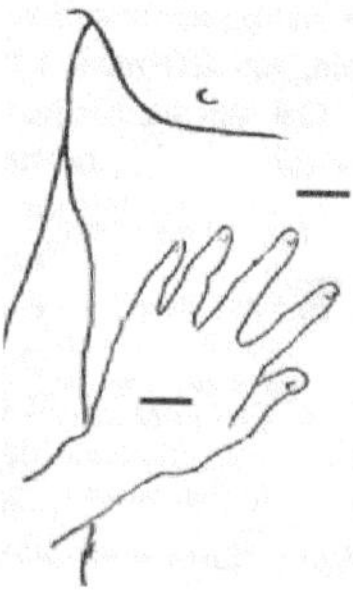

Si le malade est un gaucher, son côté droit sera *négatif* ; le magnétiseur devra changer de main et imposer la gauche, également *négative.*

La position *isonome* excitante réveillera l'organe malade...

En cas d'erreur, il faut savoir qu'elle ne sera pas rédhibitoire, l'action étant, au pire, inutile.

Pour mieux être sûr de la position à adopter, il suffit de se souvenir qu'un droitier, placé face à un autre droitier (90 % des gens le sont), aura son côté *positif* en face du côté *négatif* de son vis à vis.

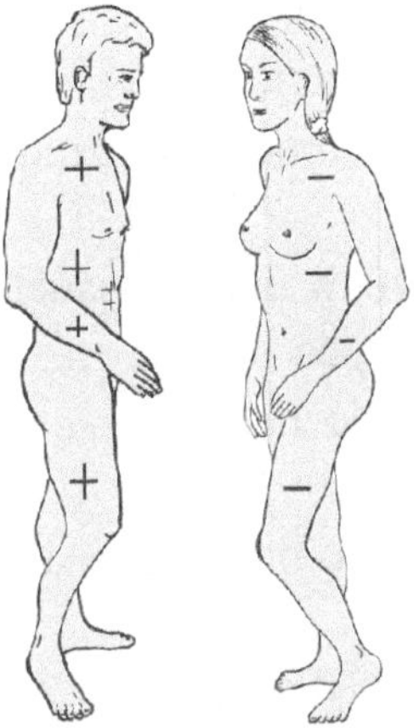

Dans le dessin ci-contre démontrant ce qui vient d'être dit, on voit qu'un homme est représenté face à une femme. Pour certains, ce pourrait être une erreur ! En effet, ils maintiennent que notre compagne serait *négative* quand nous serions *positifs !* Où va se nicher le machisme... Sans parler des règles durant lesquelles la polarité féminine serait tout simplement inversée. Seul un mathématicien pourrait s'y retrouver.

L'expérience de nombreux magnétiseurs prouve que, si une différence existe, c'est celle du droitier avec le gaucher, tant pour la femme que pour son compagnon. D'où le postulat :

Le côté droit d'un droitier est naturellement plus efficace que son côté gauche.

Le côté gauche d'un gaucher est naturellement plus efficace que son côté droit.

Demandez à un boxeur !

Reste l'*ambidextre* (latin *ambo,* les deux et *dextra,* main droite) qui aurait deux mains droites ; pour se prévaloir de cette qualité, il est indispensable de disposer d'une dextérité (*dextra,* main droite !) tout à fait également répartie pour les deux mains.

Tous les gestes de la vie courante doivent être faits aussi aisément et sans préférence d'une main comme de l'autre.

La dame qui tient son couteau de la main gauche et son aiguille de la droite n'est pas ambidextre.

Celui qui prend le marteau de la gauche et le porte-plume de la droite non plus.

Que celles et ceux qui font tout des deux mains se comptent, ce sera vite fait.

Sont-ils *positifs* ou *négatifs* des deux côtés ?

Ce sera à eux d'en décider après expérience.

Et ils appliqueront le postulat comme les autres, avec les mêmes chances de succès.

La prise de contact

Lorsqu'on allume un poste de télévision ou de radio, il faut être sur la bonne longueur d'onde et ne pas se brancher sur un programme diffusé dans une langue qu'on ne comprend pas.

En magnétisme, c'est pareil.

Les ondes du magnétiseur seront branchées sur celles du magnétisé. C'est la *prise de contact.*

Un moment important parce que votre malade vous accordera toute sa confiance seulement s'il se sent en de bonnes mains, qu'il vous connaisse bien ou pas. De cette confiance absolue viendra la plus grande partie de votre efficacité.

Le *récepteur* doit être en *symbiose* (l'association réciproquement profitable entre deux êtres vivants) totale avec l'*émetteur*. Les deux doivent penser au même but, à la même chose.

La *prise de contact* peut se faire de 2 manières :

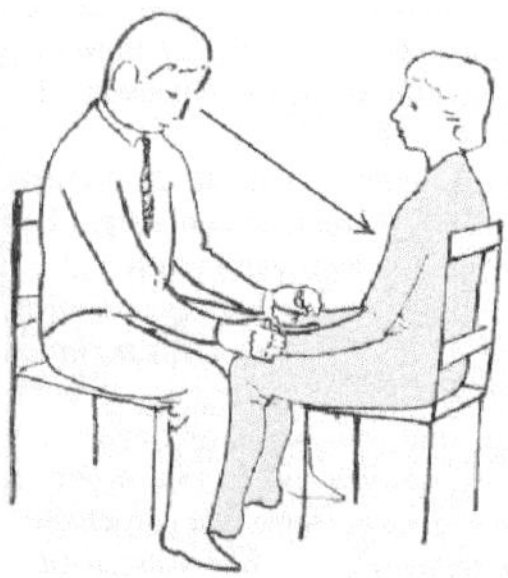

1 - Assis : soyez assis face à face, tous deux sur des chaises ni trop dures ni trop molles. Soyez dos au Nord, vos genoux à hauteur de ceux de votre vis à vis qui tient les siens serrés en permettant aux vôtres de se placer de part et d'autre dans un geste protecteur, les genoux et chevilles se touchant sans serrer. La personne pose ses mains sur ses genoux, poings fermés et pouces levés. Mettez vos mains sur les siennes, dans un geste doux et protecteur. Vous devez déjà vous sentir en *symbiose.*

Plexus solaire

C'est maintenant qu'intervient un élément clé du magnétisme : le *plexus solaire* (du latin *plectere,* enchevêtrer,tresser). C'est le pilote de nos sensations, le centre de commandement *neurovégétatif* de forme dite rayonnante, d'où son nom, derrière l'*estomac* et devant la *colonne vertébrale,* juste sous le sternum, là où est dessiné un soleil... Formé de ganglions nerveux, il reçoit des fibres venant des systèmes *sympathique* et *parasympathique.*

Posez votre regard avec une infinie douceur sur ce *plexus solaire.* Recueillez-vous ainsi, sans rien dire ni bouger pendant deux minutes.

Ce délai passé, vous questionnez la personne en lui faisant donner le maximum de précisions sur ce qu'elle attend de vous.

2 - Une autre manière peut lui être préférée pour un malade alité ou par confort :

S'il est couché sur le dos, posez la main droite sur son front et la gauche sur le *plexus.*

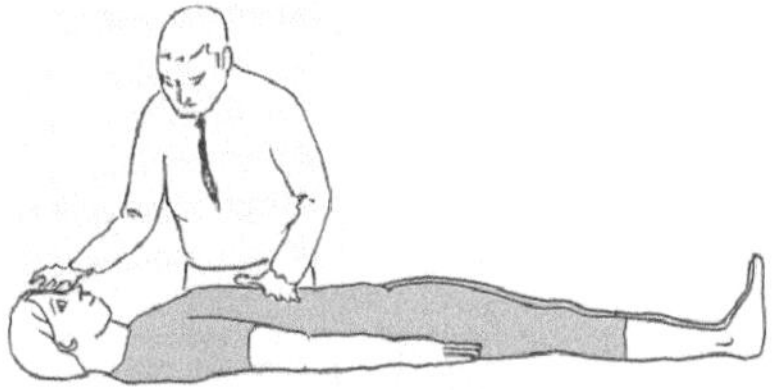

S'il est couché sur le ventre, ou pour atteindre des endroits précis (une vertèbre, par exemple), la main droite sur la nuque, l'autre sur les reins.

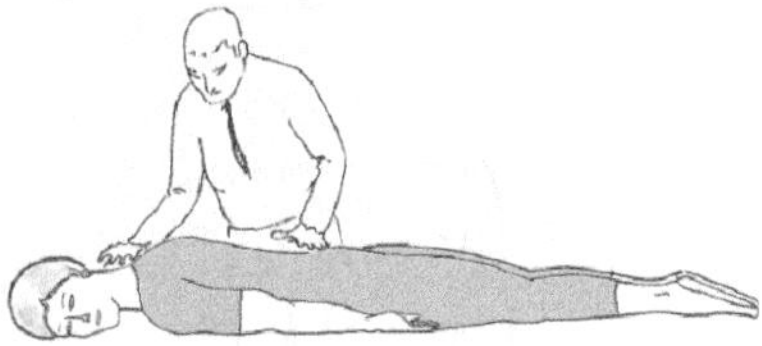

Même temps de recueillement, deux minutes.

Durant toute la séance, concentrez-vous sur le but, la douleur que vous cherchez à éradiquer et le calme que vous désirez faire revenir.

Autre élément d'importance dont nous aurons l'occasion de reparler :

Le chakra (ou *shakra*)

Mot oriental désignant les réseaux de nerfs à forte densité et correspondant aux *plexus.*

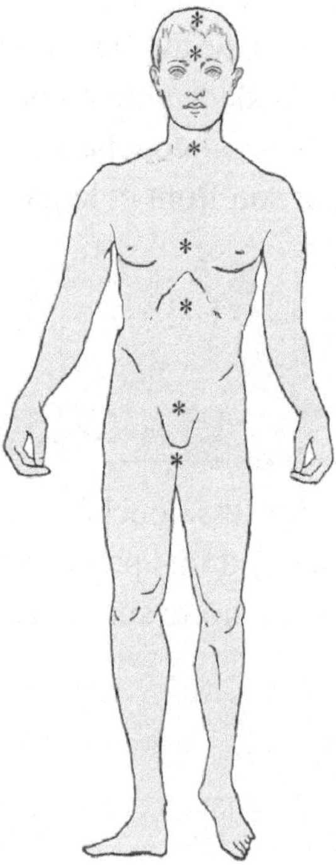

Nous avons 7 *chakras* répartis de haut en bas du corps, évoqués par le sigle * dans le dessin :

1 - le *crânien*, tout au sommet du crâne ;

2 - le *frontal*, ou *3e œil,* entre les deux yeux ;

3 - de la *gorge*, sous la pomme d'Adam ;

4 - du *cœur*, entre les seins ;

5 - le *solaire*, sous le sternum ;

6 - le *sacré*, juste au dessus du sexe ;

7 - le *racine*, entre les fesses, sur l'anus.

L'utilisation des mains

L'*application* : poser dessus.

C'est le magnétisme élémentaire : on pose tout simplement la main, sans appuyer, sur la partie du corps à soulager.

L'*imposition* : placer dessus.

Attention ! Il n'est pas question de toucher ni même d'effleurer, mais de se maintenir à deux ou trois centimètres du corps de la personne qu'on veut magnétiser.

On utilise cinq sortes d'*imposition* :

1 - imposition palmaire,

2 - imposition palmaire circulaire,

3 - imposition digitale,

4 - imposition digitale circulaire,

5 - imposition digitale perforante.

1 - Imposition palmaire

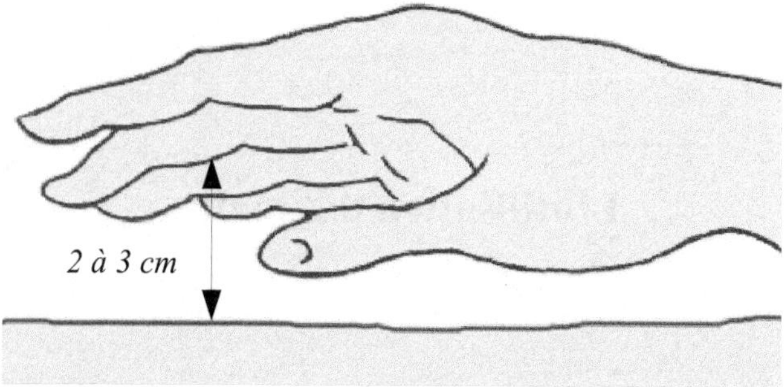

Comme son nom l'indique, c'est la *paume* qui travaille et la main reste immobile.

Garder les doigts naturellement ouverts, sans les crisper ni les tendre totalement, dans une parfaite décontraction.

2 - Imposition palmaire circulaire

Identique à la précédente, mais avec un mouvement circulaire de la main, dans le sens des aiguilles d'une montre pour un droitier, ou dans le sens contraire pour un gaucher. Le mouvement sera lent, à la vitesse de la trotteuse d'une montre. Cette méthode soulage une plus grande surface et se fait après la précédente.

3 - Imposition digitale

Les doigts sont groupés en pointe sans se toucher, comme pour former une petite couronne ; viser la partie malade comme avec une pince. L'action sera plus pénétrante et plus ciblée que par les précédentes.

4 - Imposition digitale circulaire

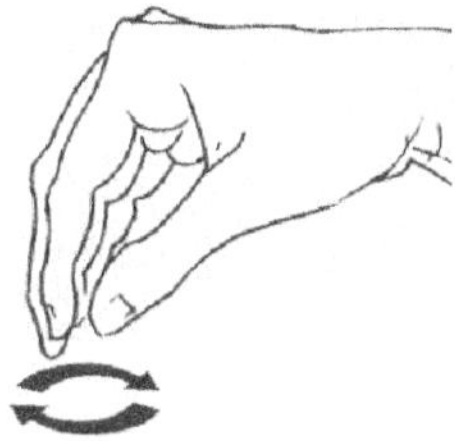

Dans la position précédente, la main décrit un cercle dans le sens des aiguilles d'une montre pour un droitier, en sens inverse pour un gaucher.

Mouvement bref et rapide, à faire en supplément de l'imposition palmaire.

5 - Imposition digitale perforante

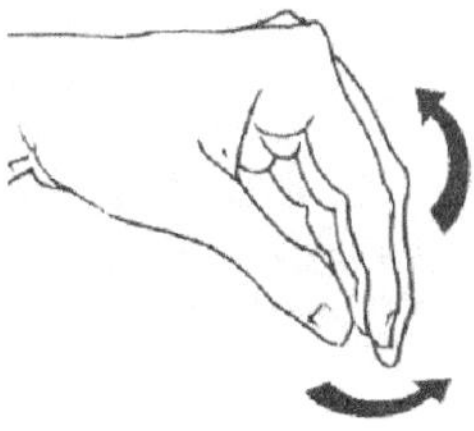

On ne tourne que dans un sens en même temps qu'on tire vers le haut, comme si on arrachait une vis.

Pour éradiquer une verrue qu'on jette symboliquement derrière soi en veillant que personne ne s'y tient, elle risquerait de recevoir les ondes nocives.

Voici donc la panoplie complète d'impositions permettant d'adapter la stratégie en fonction de la résistance du mal. Quand une imposition palmaire ne donne pas le résultat escompté rapidement, on peut ajouter la digitale, voire une perforante.

Elles sont simples à retenir et la décision pourra être prise immédiatement.

Reste que la simple application ne doit pas être négligée, son efficacité est reconnue et elle peut se faire au commencement de la séance. D'ailleurs, c'est avec elle que la localisation précise du mal se fera le mieux.

Mais nous aurons l'occasion d'en parler dans les chapitres à venir.

Le magnétisme humain n'est pas une médecine,
il renforce les défenses immunitaires de l'organisme

Les passes magnétiques

Le mot *passe* vient, comme on s'en doutait, du verbe passer, puisqu'elle rend l'*imposition* mobile sur le corps à soulager.

La *passe* est donc une *imposition palmaire* qui se déplace.

Elle capte les mauvaises énergies et les entraîne à sa suite vers l'extérieur du corps du malade.

Le magnétiseur les jette derrière lui.

Il faut veiller à ce que personne ne se tienne en arrière, il y aurait un risque d'absorption.

On fait le ménage comme le balai rassemble les poussières et les pousse dans la poubelle.

Le mouvement doit être lent, bienveillant, doux, et patient. Une bonne concentration commandera le silence à certains, alors que d'autres préfèreront parler avec leur malade... C'est selon les goûts.

La passe magnétique

Elle se fait avec les deux mains et se compose de quatre temps :

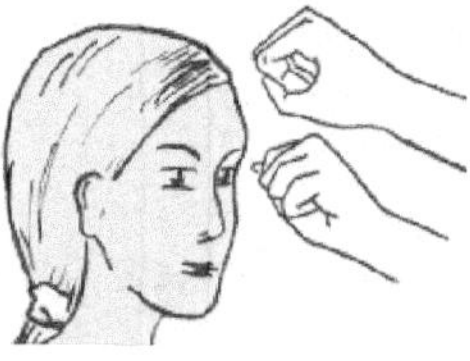

1 - Les mains sont fermées, souples, sans serrer tout à fait le poing ; les remonter à l'endroit où débute la passe, la plupart du temps au sommet du crâne.

2 - On ouvre les mains dans un geste protecteur par un mouvement souple du poignet.

3 - Puis elles sont pointées vers le haut et commencent à descendre lentement en suivant la ligne du corps ; ainsi depuis l'endroit choisi pour débuter jusqu'à celui où on veut finir.

Arrivé au terme, on se secoue les mains en arrière pour en chasser les ondes négatives.

4 - On referme les mains et on les remonte d'un geste vif jusqu'au point de départ dans un geste large des bras, sur les côtés du sujet pour éviter de repasser au dessus.

Car on ne fait jamais de passe en remontant !

On distingue cinq sortes de passes en fonction du trajet et de la rapidité :

1 - **Passes lentes**

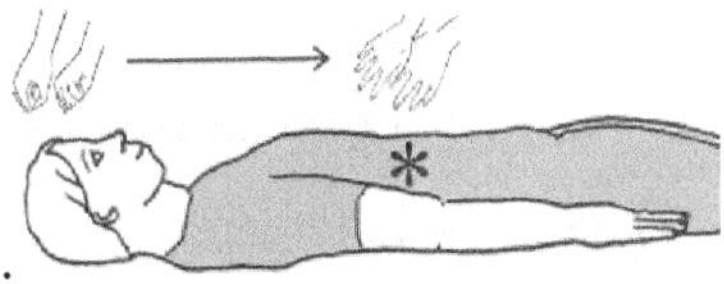

Trajet : de la tête au *plexus solaire* *.
Temps : 20 secondes.
Utilité : pour charger, saturer, redonner la force de résister à la maladie.

2 - **Passes rapides**

Trajet : de la tête au plexus solaire. *Temps* : 5 secs environ. *Utilité* : dégager, disperser, calmer, voire réveiller le malade.

3 - **Passes à petit courant**

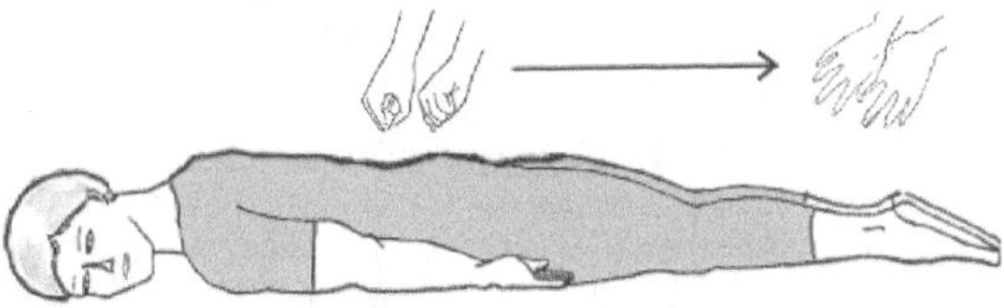

Trajet : du début de la zone malade à l'extrémité afférente (les doigts pour une épaule, le genou pour la hanche, les pieds pour une *sciatique,* etc.)
Temps : même vitesse que les passes lentes.
Utilité : Recharger une zone bien déterminée.
Ne pas oublier de débuter poings fermés !

4 - **Passes à grand courant**

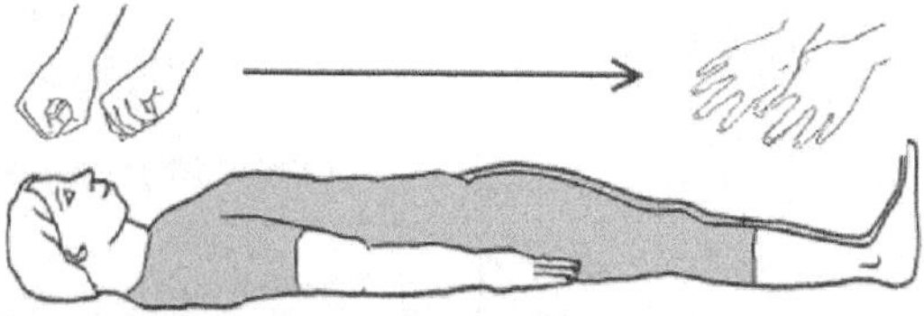

Trajet : de la tête aux pieds.
Temps : 7 à 8 secondes.
Utilité : dégager et réguler le corps.

5 - **Passes transversales**

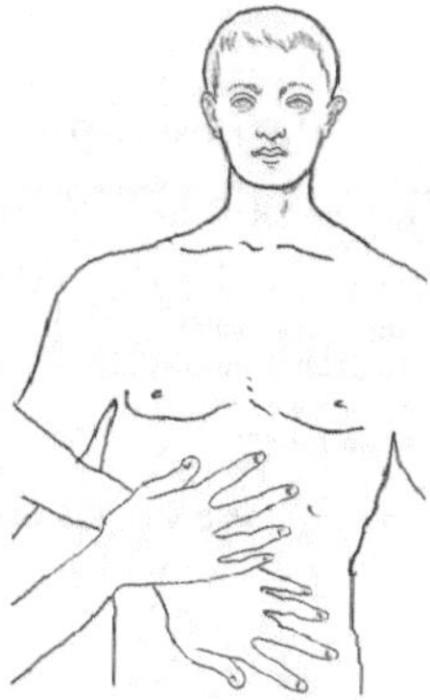

Trajet : sur le plexus solaire.
Temps : très rapide, juste le temps du geste. On croise les bras au départ ; les décroiser vivement pendant la passe et les retirer.
Utilité : Excellente pour faire partir les ondes négatives et ramener la sérénité.

La panoplie du magnétiseur se dessine ; mais nous verrons en suivant qu'il reste à découvrir encore quelques armes, et non des moindres.

Le souffle chaud

Entre la foi et l'incrédulité, un souffle,
Entre la certitude et le doute, un souffle,
Sois joyeux dans ce souffle présent où tu vis,
Car la vie elle-même est dans le souffle qui passe.
Omar Khyyam, poète Persan, Xe siècle

Tous les hommes sont faits du même limon,
Mais pas du même souffle. Raïssa Maritain

Vous avez soufflé un souffle de vie,
et l'homme a été animé. Bossuet

Il croira que céans, dès la première fois,
Il n'aura qu'à souffler et remuer les doigts ! Montfleury

Le don du *souffle* peut être aussi important que celui du sang. Plus facile aussi.

Quand on parle du magnétisme, on oublie cette forme si simple et naturelle dégageant un véritable concentré, sans doute le plus plus puissant.

Car on peut soulager comme on respire !

Encore faut-il le faire dans les règles de l'art...

En soufflant comme il faut.

On ne souffle pas sur une bougie ou un gâteau d'anniversaire, mais à la manière de quelqu'un qui veut *embuer une vitre.*

On ouvre la bouche en rond, les lèvres sont bien tendues, le souffle vient de loin, il est profond, intense et opulent.

Vous devez le sentir jaillir avec force de votre bouche ; vous ferez de même, et en plus puissant, directement sur la région à soigner.

Votre magnétisme naturel traverse les obstacles et est projeté directement dans celui qui souffre ; outre la chaleur qu'il perçoit aussitôt, le malade ressentira un bienfait rapide.

Toutefois, en collant votre bouche directement sur la peau, vous constaterez que rien n'y fait, l'air ne la pénètre pas, quelle que soit la force de votre souffle. Il sortira par les côtés avec un bruit disgracieux : il est stoppé par la *couche cornée* de l'épiderme ; mais cet obstacle se traverse aisément en intercalant, entre la peau et la bouche, un tissu un peu épais faisant fonction de *diffuseur.*

Lequel premettra au souffle de transpercer la *couche cornée* en douceur, l'idéal étant un tissu éponge, genre gant de toilette. Éventuellement, on peut aussi le faire au travers d'un vêtement, d'un pull-over, l'important étant de bien ressentir que le souffle s'insinue.

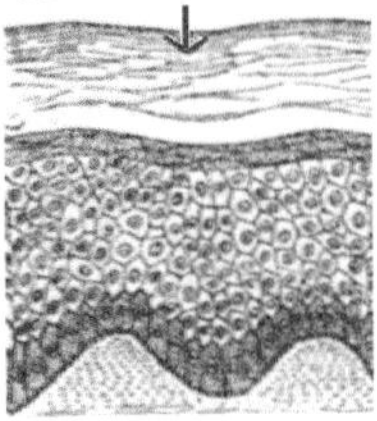

Pour éviter toute interruption entre les souffles, il est recommandé *d'inspirer à fond par le nez*, sans déplacer la bouche, ni même la décoller du tissu ; *la régularité du geste, sa puissance et la quantité distribuée* détermineront l'efficacité de la séance ; cette technique doit être bien au point et devenir automatique comme le réflexe naturel de la respiration normale.

Pour augmenter encore l'efficacité, on peut faire respirer le malade en sens inverse.

Quand vous soufflez, il inspire et quand vous inspirez, il souffle. Comme une pompe...

Si, pour préserver la pudeur ou la bienséance, on hésite à poser la bouche directement, on peut intercaler un petit tube en carton, tout en laissant le tissu à sa place.

Quoique d'une efficacité moindre, cela peut être un pis-aller convenant à des cas particuliers tels la proximité d'une blessure ou la préservation d'une pudeur. Le tube doit être adapté à votre bouche : pas trop large pour votre confort, pas trop étroit parce que le volume d'air expulsé serait diminué d'autant. Sa longueur sera aussi limitée, la perte en puissance devenant rédhibitoire ; mais, en cas de difficulté, il vaut mieux le faire ainsi plutôt que s'abstenir, il en restera toujours quelque chose.

Le procédé est aussi valable, bien évidemment, sur nos amies les bêtes...

Car un animal de compagnie peut se soigner de la même manière, avec ou sans le tube !

Si votre chien a une digestion délicate, étendez-le sur un lit ou une table, avec un tissu posé sur le ventre. Il comprendra vite que c'est pour son bien et se laissera faire sans rechigner. Faites-lui le souffle chaud : vous l'entendrez vite gargouiller, signe de débloquage des intestins, et tout rentrera dans l'ordre...

Ainsi, le souffle chaud peut servir à tout être vivant ; il ne peut faire que du bien.

Combien de fois faut-il souffler ?

C'est par leur *répétition ininterrompue* que les souffles chauds donnent le maximum.

Il faut s'installer confortablement, ne pas avoir le cou tordu ou rester en équilibre sur un pied, car ce sera pour souffler *au moins 20 à 25 fois* sans relever la tête, ce qui prendra entre deux et trois minutes, voire plus, suivant la cadence.

Il est raisonnable d'en faire un minimum de 20 en une fois et un maximum de 50.

Le nombre de séances journalières varie suivant le problème à traiter : une colite, une constipation ou une indigestion peuvent être résolues en une seule fois. Un rhumatisme nécessitera plusieurs séances par jour durant quelque temps.

Nous en tenons compte dans les applications.

La corpulence inhérente à l'opérateur a-t-elle de l'importance ? Le souffle profond d'un joueur du XV de France traversera une danseuse étoile de part en part, alors que l'inverse sera à peine perceptible... et pourtant aussi efficace si la danseuse en fait deux fois plus. Si l'exemple est excessif, il n'en est pas moins probant chez un couple dont l'épouse aurait à traiter son conjoint étoffé.

Finalement, chacun adapte son tempo au fur et à mesure de son expérience, mais tout le monde se dit surpris des résultats.

Extrait du livre : *Comment utiliser les aimants pour soulager ses douleurs.* Même auteur, même éditeur.

L'effleurement

L'effleurement est un plaisir,
La secousse est une douleur. Buffon

Effleurer signifie : ôter la fleur sans blesser.

Le tanneur fait un *effleurement* quand il ôte la fleur du côté où était le poil ou la laine. C'est un peu brutal tout de même.

Le synonyme le plus proche et le plus adapté à notre problème serait sans doute le *caressement,* s'il existait. Car on ne frotte pas, on glisse comme sur des skis, délicatement, en appuyant à peine...

Et pourtant, voici encore un geste miraculeux !

Il apporte le calme, l'équilibre, la quiétude et la tranquillité de l'esprit. Est-ce un massage ? Non !

Le massage se fait directement sur la peau et agit sur la circulation ; l'*effleurement* se fait sans avoir à se dévêtir et agit sur les nerfs.

Le masseur agit en remontant, le magnétiseur en descendant. Examinons le processus en détail :

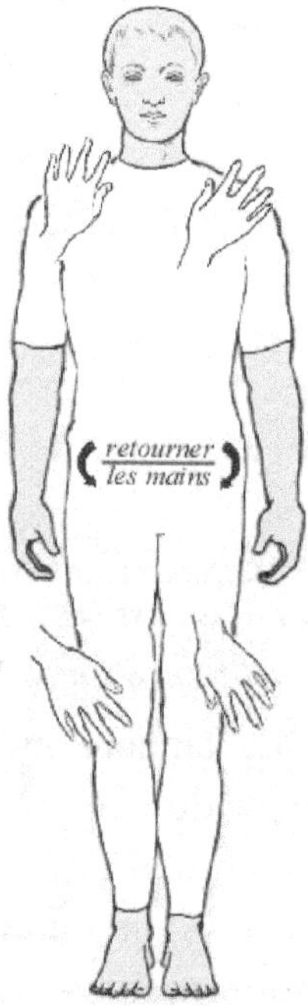

Pour faciliter l'opération, le malade sera couché ; il fermera les yeux et se décontractera.

Votre main droite sur son épaule gauche, la gauche sur son épaule droite, les doigts dirigés vers le haut.

Appuyez légèrement, gardez les mains parallèles, descendez ainsi jusqu'aux hanches.

Marquez un temps d'arrêt.

Retournez les mains vers le bas et suivez lentement les jambes jusqu'aux pieds.

Remontez vivement vos mains fermées et recommencez dix fois...

Pour ajouter toutes les chances, on fait de même sur le dos, le malade couché à plat ventre.

Un mal de tête pourra se soulager de la même manière, mais en partant du haut du crâne.

La friction

Lorsqu'on est pris par le froid, nous frottons énergiquement nos mains l'une contre l'autre ; la circulation s'accélère, le sang afflue aux tissus et parvient aux organes les plus profonds.

Deux sortes de frictions :

La friction traînante

La main est légèrement ouverte, les doigts sont écartés et souples pour couvrir assez de terrain.

La laisser traîner le long du mal en exerçant une légère pression des articulations, les unes après les autres, comme pour ramener à soi, sans forcer.

Dans la mesure du possible, respecter la position : *hétéronome* ou *isonome* (p 29).

Sur la jambe, de la hanche au pied, cette friction délestera des lourdeurs endémiques.

Un bronchite et une crise d'asthme peuvent se calmer avec le même mouvement partant depuis la gorge et finissant à hauteur du *plexus solaire.*

La friction circulaire

La main reste dans la même position et exécute le même mouvement, mais elle décrit en plus des cercles concentriques, dans le sens des aiguilles pour un droitier, en sens inverse pour un gaucher.

Cette friction est à pratiquer sur le *plexus solaire* pour exciter le système nerveux, ou sur le foie, l'estomac ou l'intestin endormis.

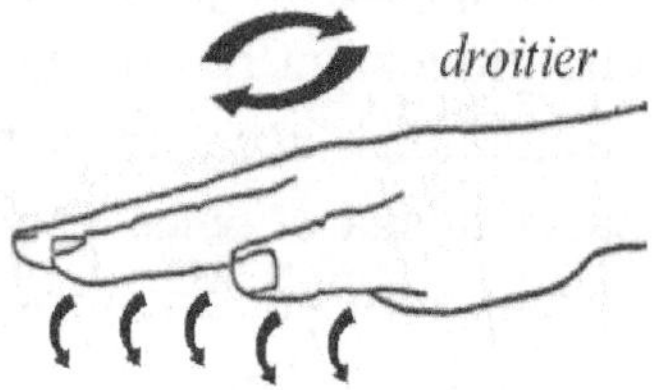

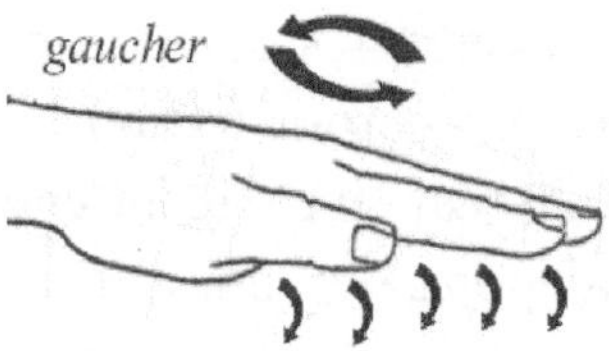

Comme l'effleurement, c'est un supplément à toutes les autres formes de magnétisme.

Le magnétisme humain n'est pas une médecine, il renforce les défenses immunitaires de l'organisme

La protection du magnétiseur

Faire du magnétisme, c'est entraîner avec soi un mal quelconque extrait du corps d'un malade, en même temps qu'on lui projette le magnétisme qui va le soulager. En contrepartie, il faut éviter que ce mal reste "accroché" aux mains du magnétiseur.

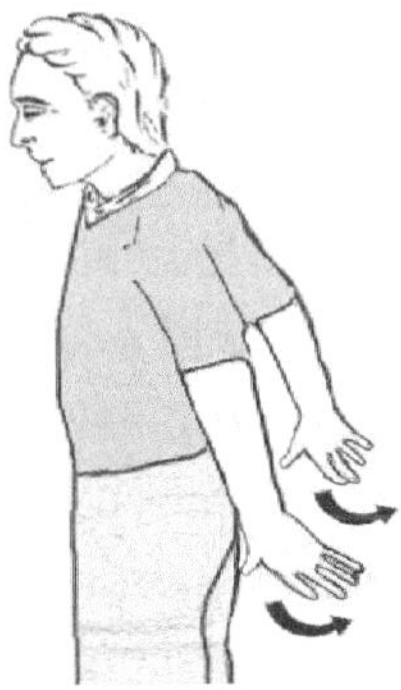

Pour s'en garantir, il suffit de secouer les mains derrière soi après chaque passe, comme si on se débarrassait des gouttes d'un liquide. Toutefois, veiller à ce que nul ne s'y tienne, car il s'imbiberait de ces ondes.

Pour plus de sécurité, il est aussi recommandé de passer les mains à l'eau froide, puis de les secouer sans les sécher, après chaque séance.

La fréquence des séances

Le magnétisme peut se pratiquer tous les jours et plusieurs fois par jour. Toutefois, il ne faut pas exagérer et mieux vaut laisser le malade se reposer entre les séances. L'âge du patient doit être aussi pris en considération : un enfant ou une personne âgée seront différemment traités qu'un homme de trente ans. Les réactions, parfois brutales, sont à apprécier, car la réceptivité des gens est variable suivant leur nature, pas suivant leur constitution. Un costaud peut s'évanouir dès qu'on lui fait une simple imposition ; une frêle jeune femme peut y rester apparemment insensible...

Il faut "peser" la dose de magnétisme à donner à chaque personne, sachant qu'un excès éventuel ne sera jamais rédhibitoire, juste un peu fatigant...

Le pendule évalue votre magnétisme

Si vous ne savez pas vous en servir, le livre du même auteur : *Comment utiliser le pendule,* chez le même éditeur, vous sera très profitable, car on ne s'improvise pas *radiesthésiste* de but en blanc.

Le *pendule* est l'outil de la *radiesthésie* (latin *radi,* rayon et grec *aisthêsis,* sensation).

On peut tout demander à un pendule, à la seule condition de lui poser les questions appropriées, car il ne répond que par *oui* ou par *non.*

Quand vous serez enfin accoutumé (il faudra de la persévérance) à sa délicate manipulation, après que vous aurez déterminé une fois pour toutes vos *conventions mentales* (le sens de sa rotation dans lequel il répondra *oui* ou *non*), lorsque votre *concentration* sera au top, alors vous pourrez lui poser la question qui vous tracasse.

Nous avons vu, dans les pages précédentes, que tout être vivant possède du *magnétisme* ; alors, pourquoi demander au pendule de l'évaluer ?

Parce que vous en aurez la confirmation, ce qui redoublera votre confiance.

C'est un peu la méthode Coué...

Préparez dix petits carrés de carton numérotés de un à dix ; posez la même question sur chacun d'entre eux en tenant le pendule :

— *Mon magnétisme est-il de 1 sur 10 ?*

S'il vous répond par *oui*, passez au suivant :

— *Mon magnétisme est-il de 2 sur 10 ?*

Ainsi de suite, jusqu'à ce qu'il vous dise : *non...*

Quand vous aurez la réponse, vous pourrez agir et soulager votre prochain.

Le magnétisme humain n'est pas une médecine,
il renforce les défenses immunitaires de l'organisme

2ème PARTIE

Les applications

Dire que le *magnétisme humain* suffit à soulager toutes les douleurs serait mensonger.

D'ailleurs, qui pourrait le croire ?

Autant il sera efficace sur des malaises dus à de simples dysfonctionnements du système végétatif (respiration, circulation, sécrétion, ect...), autant il prendra son temps pour des troubles fonctionnels (mauvais fonctionnement sans cause organique).

Il sera à son aise sur un asthme, une indigestion ou une migraine, plus lent sur un rhumatisme, une arthrite ou une sciatique.

L'idéal serait d'y adjoindre la *magnétothérapie.*

Pour ce faire, lire *Comment utiliser les aimants,* (même auteur, même éditeur) et associer ces méthodes pour avoir le maximum d'efficacité.

Dans tous les cas, le *magnétisme* ne peut que faire du bien ! Il soulage toujours, guérit souvent, parfois même après l'échec des autres méthodes.

Nous allons passer en revue un grand nombre de douleurs d'origines diverses en sachant que nous en laisserons beaucoup dans l'ombre.

Néanmoins, dans bien des cas, il sera facile de se baser sur ce qui sera dit ici pour déterminer ce qui s'appliquera à une douleur dont nous n'aurions pas parlé.

Nous procédons dans l'ordre suivant :

— Description succinte de la maladie.

— L'application du *magnétisme humain* :
la méthode, les passes,
la fréquence et la durée.

Sans oublier le principe fondamental :

Ne jamais négliger ni abandonner une prescription médicale ordonnée !

Le système nerveux

Parler du *système nerveux,* c'est aborder le sujet de la *douleur*, cette amie que nous mésestimons...

La nature nous a dotés d'une sonnette d'alarme, la douleur nous faisant mal pour notre bien.

Comme la sirène des pompiers, elle avertit d'un incendie, avec sa localisation précise.

Dans une auto, chaque organe est relié par fil au tableau de bord où un voyant met le conducteur au courant de tout : niveau d'essence, température de l'eau, pression d'huile.

C'est la même chose dans le corps humain qui est parcouru par un réseau de câbles - les nerfs - partant du tableau de bord - le cerveau - et allant jusqu'au bout de chaque organe à contrôler.

Avantage supplémentaire, l'influx nerveux est à la fois électrique et chimique. La panne est exclue.

Les nerfs doivent transmettre les informations et sont entourés d'une substance complexe qui accélère le passage de l'information : la *myéline.*

Le système nerveux est constitué de *neurones.*

On peut en posséder jusqu'à 100 milliards.

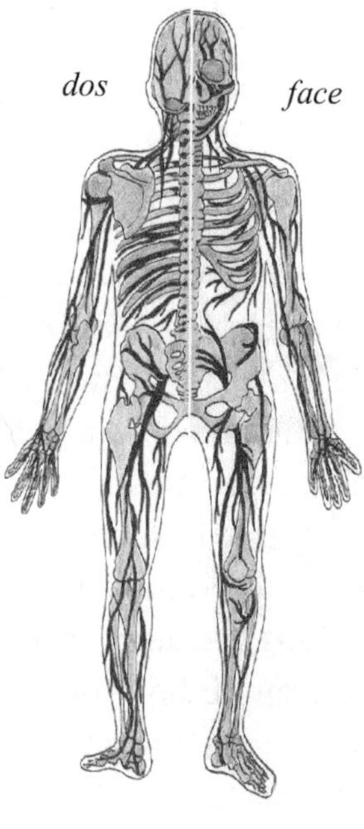

Du cerveau partent 12 paires de *nerfs crâniens,* 8 paires de *nerfs cervicaux* ; la moelle épinière possède 12 paires de *nerfs dorsaux,* suivis de 5 paires de *nerfs lombaires* et de 6 paires de *nerfs sacrés.* Chaque paire étant subdivisée en une foultitude de petits nerfs se faufilant dans les petits coins qu'ils doivent surveiller. Rien ne leur échappera, fort heureusement !

L'arthrite, l'arthrose, le rhumatisme

Nous étudierons ici les diverses articulations qui souffrent la plupart du temps des mêmes attaques "de base", *l'arthrite, l'arthrose,* le *rhumatisme,* et leurs variantes : *périarthrite, spondylarthrite.*

Pourquoi ne pas étudier les maladies seulement, l'une après l'autre ? Parce que, malgré que ce soit chaque fois la même, ce sera une action spécifique qu'il faudra mener. Toutefois, afin de ne pas nous répéter à l'infini, nous abrégerons les actions qui sont communes à certaines d'entre elles.

On ne soulagera pas une *sciatique* comme une *névralgie faciale,* bien que l'origine en soit très proche : un *nerf* coincé entre deux *vertèbres* dont le *cartilage* (ou *disque intervertébral*) est usé...

Cartilage : tissu unissant les organes, translucide, résistant et élastique, recouvrant les surfaces osseuses des articulations pour en favoriser les mouvements et éviter les frottements malvenus. Une sorte de “silentbloc” ou d’amortisseur dont on ne comprend l’utilité que quand il est démoli. Avec la différence que, dans une auto, on peut le remplacer ; pas dans le corps humain où un cartilage détruit ne se reconstitue pas, il est remplacé par une sorte de tissu fibreux ne pouvant remplir les mêmes fonctions. En conséquence, nous allons étudier ces maladies une fois pour toutes et traiter ensuite leurs implantations locales.

Arthrite (grec *arthritis,* goutte) maladie articulaire inflammatoire. On différencie l’*arthrite rhumatismale* de l’*arthrite infectieuse.*

Arthrite rhumatismale : Inflammation de la *synoviale* (membrane tapissant les articulations) qui forcit et forme un coussinet solide dans l’articulation en gênant les mouvements. Elle frappe plusieurs articulations, la douleur est permanente, forte à froid, au réveil. Les articulations sont enflées et chaudes. La cause est inconnue.

Arthrite infectieuse : Infection microbienne des articulations suite à une inoculation directe d’un germe au cours d’une injection (par aiguille lors d’une infiltration) ou lors d’une septicémie.

Arthrose (grec *arthron,* articulation). Altération de diverses articulations, vieillissement prématuré du *cartilage articulaire* qui fissure et met l'os à nu. Si l'os est atteint, on parle de l'*ostéoporose.* Si des fragments de cartilage sont ossifiés, ce sont les *becs de perroquet.*

Quand l'*arthrose* touche plusieurs articulations symétriques, c'est la *polyarthrose.* Contrairement à l'*arthrite,* la douleur est provoquée par l'appui et la marche et se calme au repos.

Rhumatisme (grec *rheumatismos,* écoulement d'humeurs) affection des articulations, des muscles et autres organes, associée à des inflammations.

Rhumatisme articulaire aigu (R.A.A.)

Débute souvent 2 semaines après une *angine rouge* (parfois compliquée d'*amygdalite*) et ses principales manifestations sont articulaires, voire cardiaques, et divers autres organes peuvent être touchés. Maladie gravissime nécessitant une très rapide intervention médicale.

Rhumatisme articulaire subaigu

Touche toutes les grosses articulations et guérit sans séquelles. Notre chantier principal.

Nous n'avons parlé jusqu'ici que des douleurs provoquées par les articulations qui agissent sur nos nerfs à l'instar d'une sonnette d'alarme.

Ces articulations sont pourtant actionnées par des éléments moteurs dignes d'intérêt puisqu'ils nous réservent quelques surprises.

Les muscles (latin *musculus,* petit rat)

2 sortes de *muscles* actionnent nos organes :

1) le *muscle strié* ; il est dit *volontaire* parce que c'est lui qui fait mouvoir nos membres, auxquels il est relié par le *tendon,* sur ordre du cerveau : le *biceps* et le *triceps* (2 ou 3 têtes les relient à 2 ou 3 points osseux), sont bien connus.

2) le *muscle lisse* ; il est dit *involontaire* parce que son action est inconsciente, dirigée par une sorte de réflexe incontrôlé : les *viscères,* la *parole* et la *respiration...*

Tous peuvent avoir des difficultés : le *claquage* (élongation), l'*hématome* (ecchymose, bleu), sans oublier la plus fréquente, la *crampe.*

Nous en parlerons chaque fois qu'un chapitre abordera un organe sujet à ce genre d'ennui.

Par contre, les *myasthénies* et *myopathies* ne sont pas traitées ici, leur pathologie n'entrant pas dans le cadre de cet ouvrage.

Les maux de tête

Céphalée (grec *képhalé,* tête)

Toute douleur intercrânienne s'étendant assez rarement à la tête entière ; elle est plus vive d'un côté, lancinante, revenant par petits excès et sans disparaître complètement, pour atteindre son maximum. Le bruit, la lumière, le moindre effort, exacerbent la douleur ; les sens sont obtus, les yeux pesants ou larmoyants ; il semble au malade entendre le battement de ses artères crâniennes.

Puis tout disparaît sans laisser de trace...

Elle ne constitue pas une maladie, mais juste un symptôme et peut provenir de diverses causes : la plus fréquente est la *migraine.*

C'est surtout celle-là qui nous interpelle.

Migraine (grec *hémi-kranion,* demi-crâne)

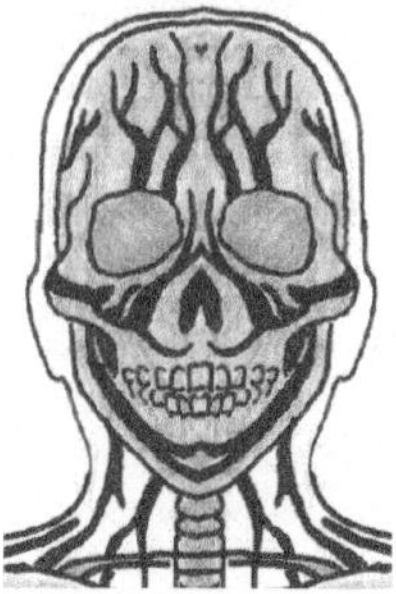

On voit parfaitement que les nerfs crâniens parcourent la tête dans tous les sens, prêts à signaler la moindre anomalie.

La *migraine* est la plus fréquente et peut être diversifiée en différentes sortes de douleurs :

La ***migraine ophtalmique*** est la plus typique et commence par de désagréables troubles visuels. Un point brillant surgit devant les yeux (scotome scintillant) qui s'étend en tache d'huile pour devenir très gênant ; puis survient la phase douloureuse, basée surtout sur le front et les orbites. S'y ajoute la sentation de broiement, de martèlement. Le malade peut finir par vomir, ce qui pourrait faire penser à une crise de foie, mais apaise la douleur. La crise peut être qualifiée de *migraine accompagnée* car il s'ensuit des fourmillements et surtout des troubles du langage...

À part son effet très désagréable, elle n'est pas dangereuse, mais peut durer un jour ou deux si rien n'est fait entre temps pour la stopper.

Les sujets sensibles doivent éviter les courants d'air froid sur le front ou les bras qui suffisent à déclencher le processus.

Le vertige (latin *vertere,* tourner)

Impression par laquelle une personne croit que les objets environnants et elle-même sont animés d'un mouvement circulaire ou d'oscillations et qui peut s'accompagner de troubles de l'équilibre.

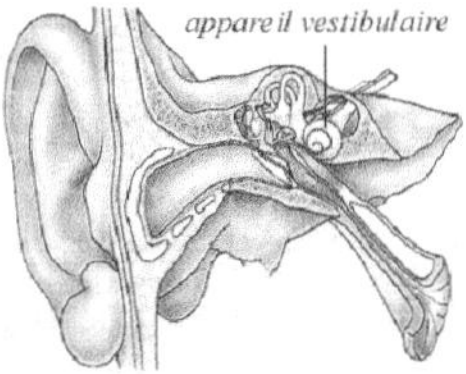

L'origine est dans l'oreille interne (*appareil vestibulaire*).

Les mouvements de la tête sont saisis dans le *vestibule* et dans les canaux par les déplacements des *otolithes* (concrétions calcaires).

Les déplacements et pressions engendrées par ces mouvements évoluent en influx nerveux et sont transmis par le *nerf vestibulaire* aux centres de l'équilibre sensibles aux accélérations et à la pesanteur. Les *vertiges* en sont la résultante.

La maladie de Horton (ou *artérite temporale*)

C'est une inflammation des artères de la tête, en particulier de l'*artère temporale.*

Cette maladie, très douloureuse et handicapante, survient en général après la cinquantaine.

Une grande fatigue, de la fièvre et des maux de tête intolérables en sont les signes annonciateurs, et l'examen (biopsie par prélèvement de fragment) de l'artère temporale confirmera le diagnostic.

Le magnétisme

1 - la prise de contact (p 35)

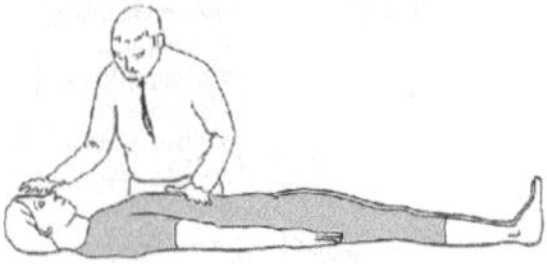

Il vaut mieux la faire la personne étant couchée sur le dos. Les mains sont posées sur le front et le *plexus*, immobiles, au moins 2 minutes.

2 - l'imposition palmaire (p 38)

Impositions palmaires *hétéronomes* d'une main sur les *chakras* * *crânien* et du *3ᵉ œil.* Pour des vertiges, faire de même sur les lobes des oreilles.

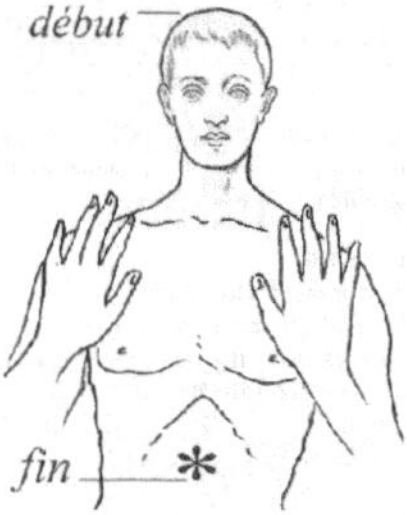

3 - les passes rapides (p 43)

De la tête au plexus solaire *.
Durée : 5 secondes.
Nombre : 15.
Pour décharger l'ensemble.

4 - le souffle chaud (p 45)

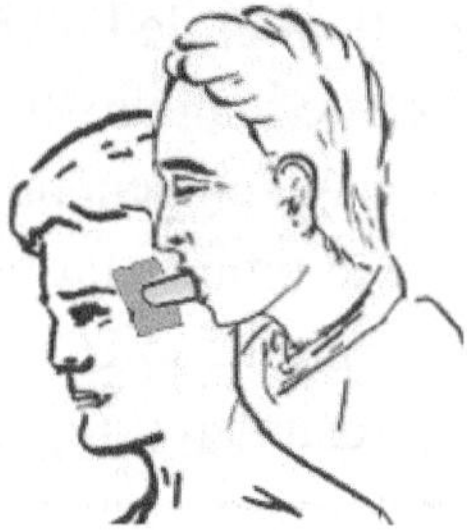

10 fois sur chaque tempe, en utilisant éventuellement un tube de carton qui facilitera la précision. La *maladie de Horton* aura des souffles en supplément sur le haut du crâne.

Pour les vertiges, opérer de la même manière, 10 fois dans le creux situé derrière le lobe de chaque oreille.

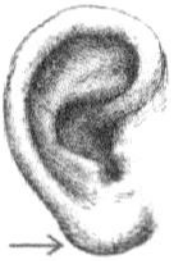

On atteindra plus facilement l'*appareil vestibulaire.*

Enfin, pour rétablir une fois pour toutes le système neurové-gétatif, en faire, sur les *chakras* crânien*, du *3e œil*, de la *gorge* et le *plexus solaire*, au moins 10 sans arrêter.

Une séance le matin et une autre le soir les deux premiers jours, une par jour ensuite, pendant trois jours au minimum. Un mieux doit se déclarer très rapidement.

Le magnétisme humain n'est pas une médecine,
il renforce les défenses immunitaires de l'organisme

La névralgie d'Arnold

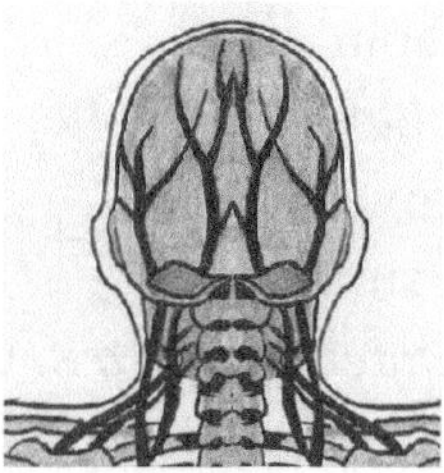

Le docteur anglais Arnold a donné son nom à ce grand nerf occipital, branche du 2e nerf cervical qui innerve la partie postérieure du cuir chevelu.

La *névralgie d'Arnold* se reconnaît aux grandes douleurs qu'elle provoque dans la moitié - ou la totalité - du crâne correspondant au passage du nerf, de la nuque au sommet de la tête.

Ceux qui connaissent ce nom savent généralement ce que veut dire le mot *douleur* !

L'ensemble de notre système nerveux suivant la colonne vertébrale avant de se disséminer vers les points sensibles, c'est à la base qu'il faut agir.

Ce nerf débouche des *vertèbres cervicales* où il est pincé, endolori et traumatisé, faisant traverser la douleur d'un bout à l'autre.

(Extrait de : *Comment utiliser les aimants*)

Le magnétisme

1 - la prise de contact (p 34)

Le malade étant en position couchée, poser une main sur le haut de son crâne, l'autre sur le *plexus*. Rester ainsi 2 minutes environ.

2 - l'imposition palmaire (p 38)

Sur les *chakras crânien* et du *3e œil*, durant 2 minutes.

3 - les passes rapides (p 43) libèreront le corps des ondes nocives. Penser à la *protection* (p 55).

4 - le souffle chaud (p 45)

Commencer par la nuque pour attaquer la base du mal. 30 fois. Faire la même chose sur le haut du crâne, où se tient la douleur.

Si le malade se plaint que sa douleur augmente, ce qui peut arriver, faire en plusieurs fois après quelques minutes.

2 fois par jour pendant 3 jours.

La névralgie faciale

La *névralgie* (de *nerf* et *algie,* douleur) *faciale...*

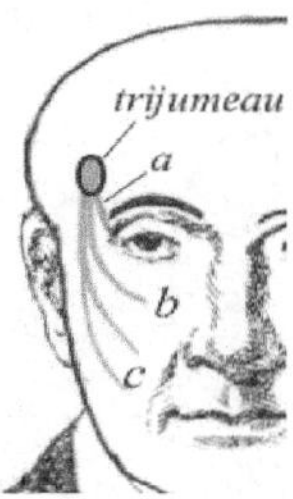

Elle part du *nerf trijumeau* (assurant la sensibilité de la face en 3 branches), suit la branche *ophtalmique*, puis le nerf *lacrymal (a)*, les nerfs *maxillaires (b)* et le nerf *lingual (c)*. Elle cause une douleur intense et atroce, en un éclair, puis s'installe sur un nerf ou se répartit sur le visage tout entier.

C'est l'une des douleurs les plus difficiles à endurer ; c'est pourquoi il faut agir avec le maximum de précaution, plus que partout ailleurs.

Le magnétisme

1 - la prise de contact (p 34)

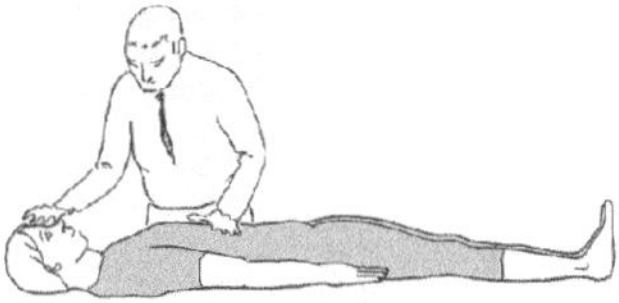

Il vaut mieux la faire le malade étant étendu sur le dos pour son confort. Les mains sont posées sur le front et le *plexus* et doivent rester immobiles au moins 2 minutes.

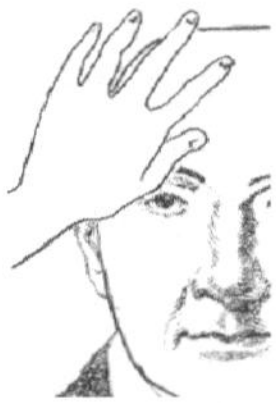

2 - l'imposition palmaire (p 38)

La main sera maintenue à 2 cm au dessus du *trijumeau* durant 2 mn.

3 - les passes rapides (p 43)

De la tête au *plexus solaire.* 15 fois 5 secondes.

4 - le souffle chaud (p 45)

Nous l'avons dit, il faut agir avec le maximum de précaution et de douceur ; si le malade ne supporte pas, s'interrompre et recommencer plus tard.

Faire 20 souffles directement sur le *nerf trijumeau* puis, après un arrêt, 10 de plus sur la joue.

2 fois par jour pendant 5 jours.

La nuque

Nous avons déjà vu la *névralgie d'Arnold (*p 72) et la *névralgie faciale* (p 74) dont l'origine pourrait sembler identique, puisqu'elle part de la *nuque.*

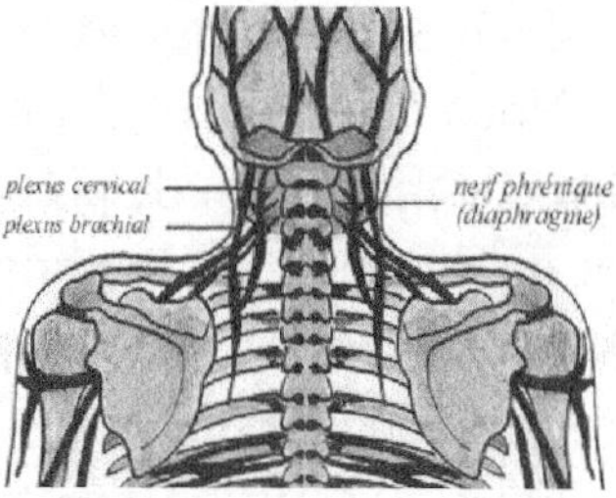

Celle-ci est la gare de triage des nerfs sensitifs de la tête, des bras et du diaphragme. Une *névralgie* (nerf et *algie,* douleur) à la nuque est handicapante et vaut largement la peine d'être évoquée spécialement, à cause des déboires qui peuvent en découler.

Entretenir le bon état de sa nuque est la moindre des précautions pour qui veut éviter le pire.

Le magnétisme

1 - la prise de contact (p 34)

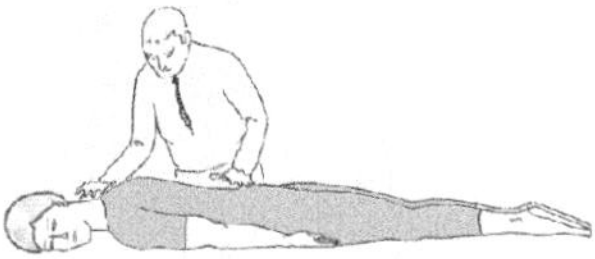

En position couchée sur le ventre, une main sur la nuque, l'autre sur les reins, 2 minutes.

2 - l'imposition palmaire (p 38)

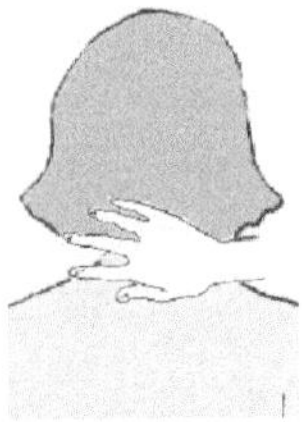

Imposer une main sur la nuque pendant 2 ou 3 minutes en restant immobile.

3 - les passes transversales (p 44)

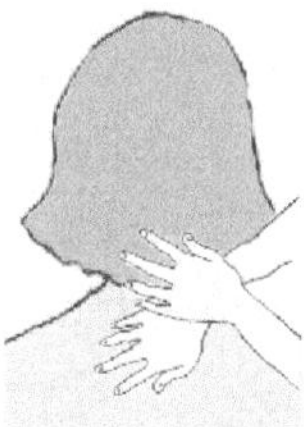

Croiser les mains sur la nuque sans toucher, les décroiser rapidement et jeter les ondes nocives derrière soi en veillant à ce qu'il n'y ait personne.

20 fois.

4 - le souffle chaud (p 45)

De préférence directement sur la nuque, souffler 25 fois sans interruption.

Deux séances par jour pendant une semaine, une seule ensuite.

Le torticolis

Ce mot vient du pluriel italien de *torto collo*, proprement "cou tordu", par allusion à l'attitude dévote des bigots. Tout un programme.

Torsion involontaire du cou avec inclinaison de la tête accompagnée de sensations très douloureuses dans les muscles. C'est la contracture du muscle *sterno-cléido-mastoïdien* qui s'insère sur le *sternum*, la *clavicule, l'apophyse mastoïde,* et agit sur le *trapèze.*

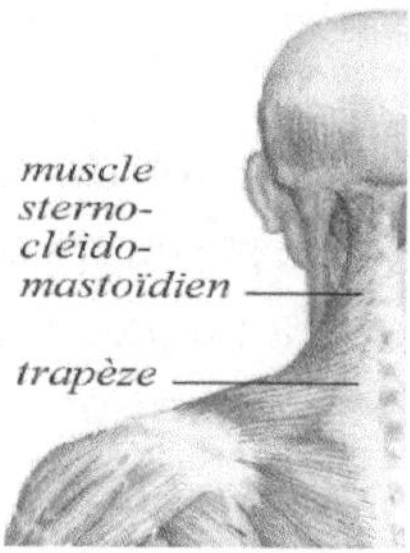

Nous sommes donc, dans ce cas particulier, en présence d'une origine exclusivement musculaire et la technique sera adaptée.

Le magnétisme

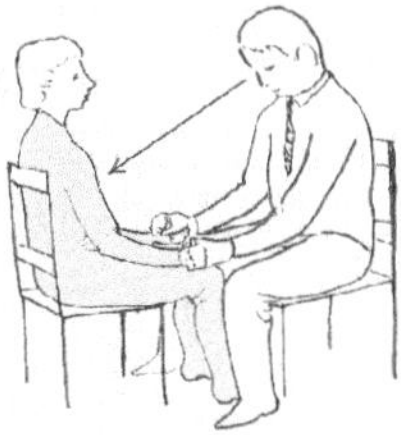

1 - la prise de contact (p 35)

Le moindre mouvement étant très douloureux pour le malade, le laisser assis sur une chaise.

Rester avec lui 2 minutes ainsi.

2 - l'imposition palmaire (p 38)

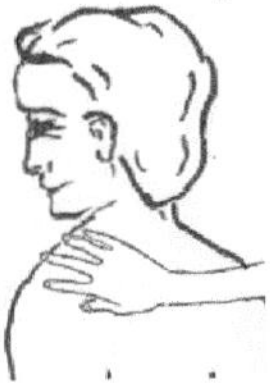

La main tenue à 2 cm au dessus de l'épaule reste immobile, les doigts légèrement ouverts, totalement décontractés, pendant 2 ou 3 minutes.

3 - l'imposition palmaire circulaire (p 38)

Identique à la précédente, mais en décrivant une rotation - attention à la polarité.

4 - les passes transversales (p 44)

Croiser et décroiser les mains très vivement sans toucher. 10 fois.

5 - le souffle chaud (p 45)

Le point étant très sensible, ne pas insister si le malade réagit mal. S'il supporte, en faire 10.

2 séances par jour pendant 3 jours.

L'épaule

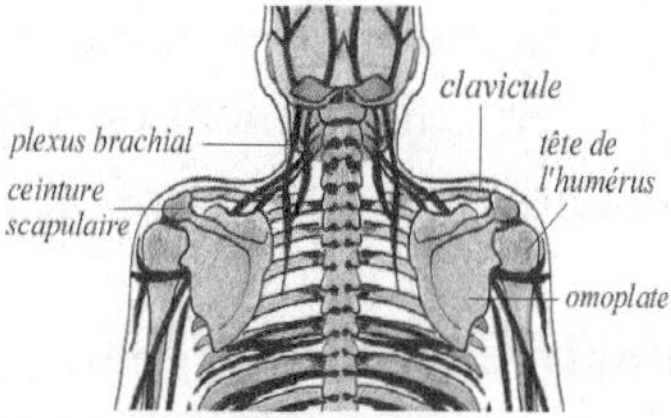

Latin *spathula,* spatule. Partie supérieure du bras se réunissant au thorax (articulation de l'humérus avec la *ceinture scapulaire* : *clavicule* et *omoplate*).

L'articulation de l'*humérus* (os long constituant le squelette du bras, de l'épaule au coude) est entourée de *bourses séreuses* (fines membranes de *tissu conjonctif*) tapissant l'organe et la cavité où il se trouve.

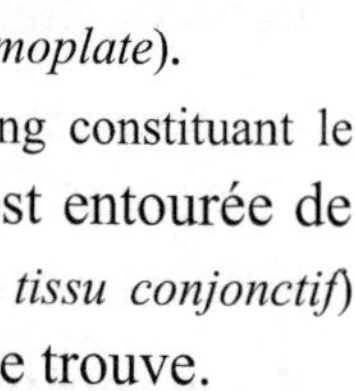

Les *bourses séreuses* et le *tendon du biceps* peuvent être irrités par une *arthrite* qui provient, ou de rhumatisme, ou d'infection.

C'est parce que son terrain est situé dans l'épaule et l'humérus, qu'on la nomme *périarthrite scapulohumérale.*

Le magnétisme

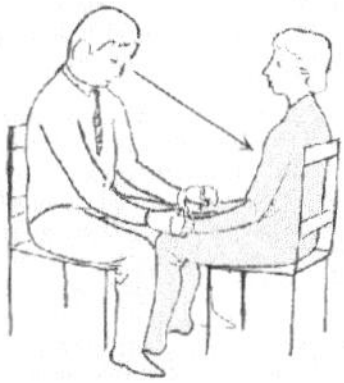

1 - la prise de contact (p 34)

En position assise ou couchée, selon le désir du malade, 2 mn.

2 - l'imposition palmaire (p 38)

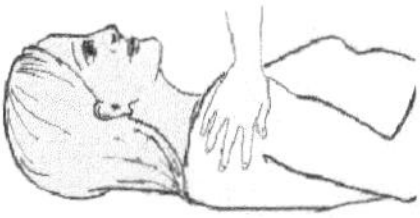

Une main (polarité) maintenue à 2 cm sur l'épaule durant deux minutes.

3 - l'imposition digitale circulaire (p 39)

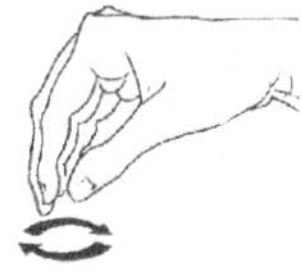

Les doigts réunis en pointe, sans se serrer, décrivent des cercles à 2 cm de l'épaule. 2 minutes.

4 - les passes lentes (p 43)

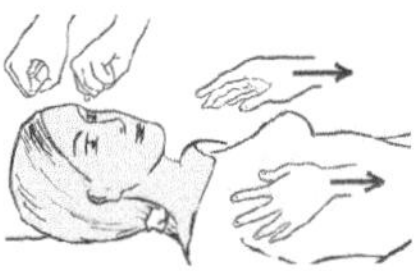

De la tête au *plexus solaire* en débutant les poings fermés et en 20 secondes environ.

4 - le souffle chaud (p 45)

25 sur la douleur à chaque séance et persévérer ensuite.

2 fois par jour les 3 premiers jours, 1 fois ensuite.

Le magnétisme humain n'est pas une médecine, il renforce les défenses immunitaires de l'organisme

La colonne vertébrale

La *colonne vertébrale* est faite de pièces osseuses, les *vertèbres,* réunies par les *disques intervertébraux* favorisant les mouvements principaux de flexion, d'extention, d'inclinaison et de rotation, et sont réparties en 4 groupes :

c) 7 *cervicales* ;

d) 12 *dorsales* ;

l) 5 *lombaires* ;

s) 5 vertèbres soudées du *sacrum* et du *coccyx.*

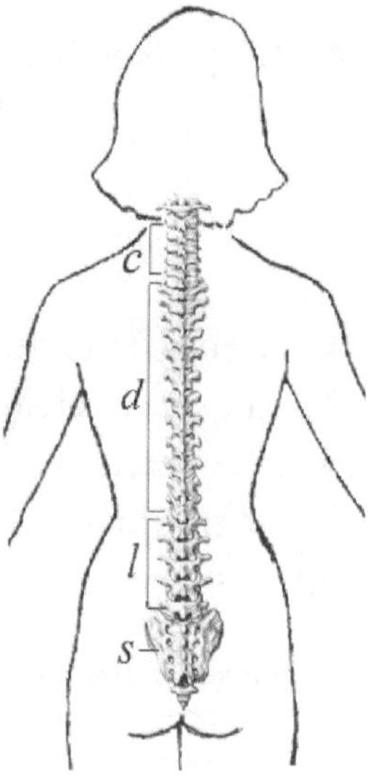

Les *vertèbres,* du latin *vertere,* tourner, forment le *rachis* soutenant le corps et comprennent :

1 - une partie antérieure renflée, le *corps vertébral* ;

2 - le *trou vertébral,* traversé par la moelle ;

3 - les *apophyses,* saillies dont on sent la présence en passant le doigt ; certaines s'articulent avec la vertèbre suivante.

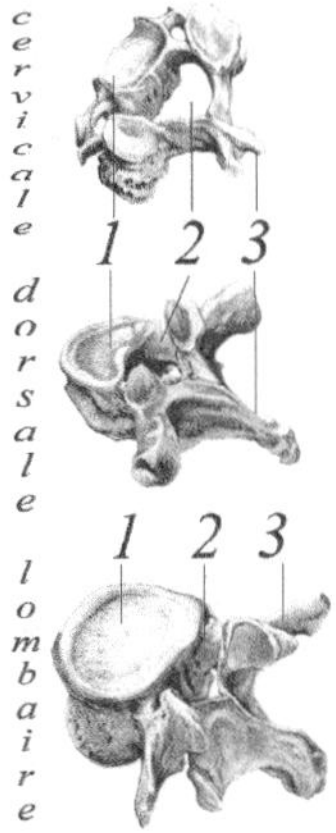

Les vertèbres sont reliées les unes aux autres par un *disque intervertébral* : cartilage élastique ayant la forme d'une lentille biconvexe.

Le *disque intervertébral* est fréquemment le siège d'altérations appelées *hernies discales.*

Une *hernie* est l'augmentation de volume d'un organe totalement ou partiellement sorti de la cavité qui le contient à l'état normal.

La *hernie discale* est donc la saillie que fait un disque dans le canal rachidien suite à l'expulsion de son noyau gélatineux. Elle se produit le plus souvent au niveau des *vertèbres lombaires* suite à un mouvement de force ou un traumatisme.

Nous verrons les ennuis vertébraux à la suite les uns des autres dans les chapitres suivants, sauf la *nuque,* déjà traitée en page 76.

Les dorsales

La *dorsalgie* nous guette à chaque faux mouvement, ou à la suite d'une grande fatigue, ou lorsque la durée de conduite a été très longue.

La *spondylarthrite* (grec *spondyle,* vertèbre), d'évolution lente, touche surtout les hommes ; le dos se raidit et devient douloureux jusqu'à avoir une calcification des cartilages.

S'y ajoutent les *arthrose, scoliose, tassements vertébraux,* voire, chez les adolescents, la *maladie de Scheuermann,* une altération du cartilage qui se résorbe à la fin de la croissance. Sans oublier la *hernie discale* (voir chapitre suivant).

Le magnétisme

1 - la prise contact (p 35) est à faire couché sur le ventre, les mains sur la nuque et les reins.

2 - les passes lentes (p 43)

Du haut du crâne au bas des reins. 10 fois.

2 - l'effleurement (p 51)

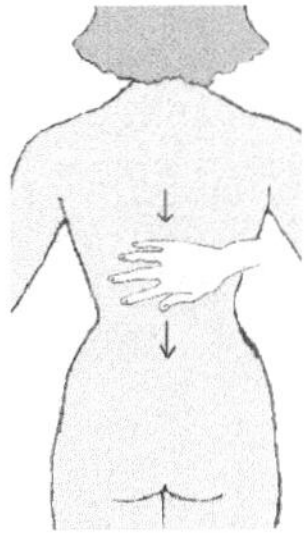

Une main suit la colonne de haut en bas, lentement et en l'*effleurant*. En passant sur la vertèbre atteinte, une chaleur sera nettement ressentie. C'est l'endroit à traiter.

3 - l'imposition palmaire (p 38)

Sur la vertèbre malade pendant 2 minutes.

4 - la friction circulaire (p 54)

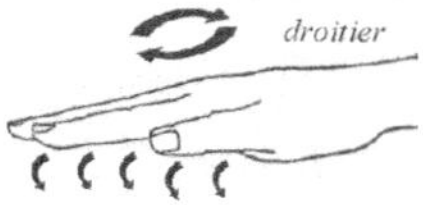

Au même endroit, en tenant compte de la polarité. 10.

5 - le souffle chaud (p 45)

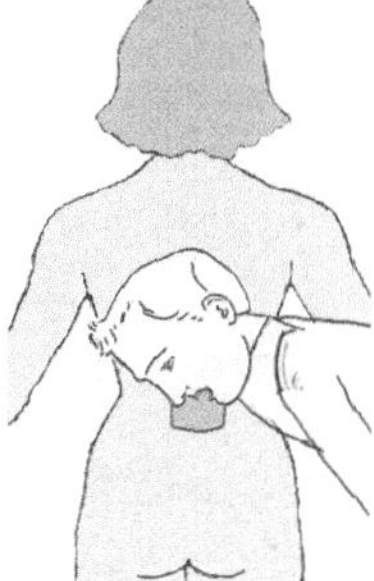

La vertèbre ayant été localisée par l'*effleurement,* se fixer sur elle et faire un maximum de souffles, 30, voire 50...

Deux séances par jour pendant 3 jours, une ensuite.

Les lombaires, le sacrum, le coccyx

Les ***vertèbres lombaires*** sont au nombre de 5.

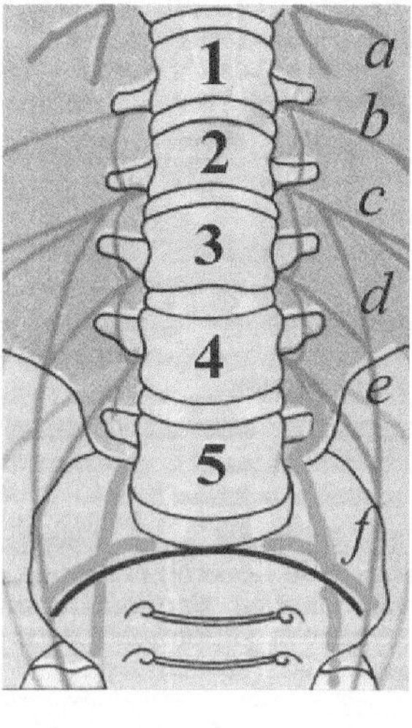

De ces *lombaires* sont issus les 6 nerfs :

a) 12e intercostal ;

b) abdomino-génital ;

c) fémoro-cutané ;

d) génito-crural ;

e) crural (cuisse) ;

f) obturateur.

Sans omettre le nerf *sciatique* dont l'origine est doublée avec celle du *sacrum* décrit ci-après...

Le ***sacrum*** (*plexus sacré*) est formé par la soudure des **5 *vertèbres sacrées*** (*a*) articulé avec les os *iliaques* (*b*) et le *coccyx* (*c*).

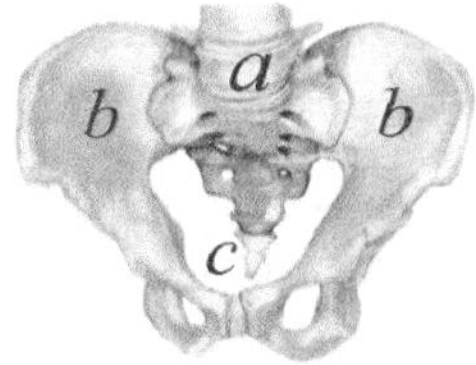

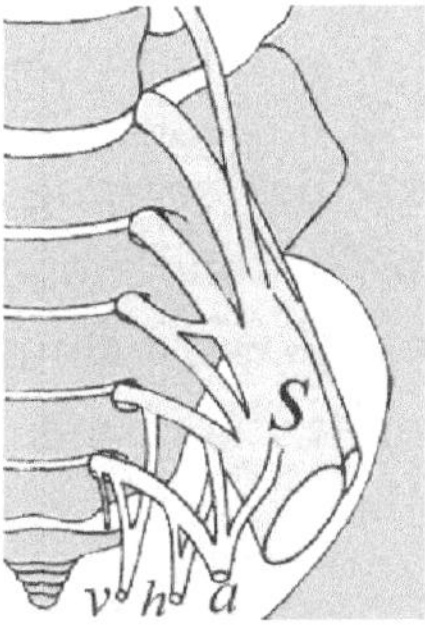

C'est surtout le centre d'où sortent des nerfs, réputés "secondaires", mais utiles :
Le nerf *releveur de l'anus* (*a*), le nerf *dorsal de la verge* (*v*) et le nerf *hémorroïdal* (*h*).

Enfin le nerf ***sciatique*** (***s***), que nous traiterons à part.

Le ***coccyx*** (du grec *kokkux*, coucou, par association avec le bec de cet oiseau) est une pièce osseuse triangulaire faite de vertèbres atrophiées et soudées. Il s'articule avec le *sacrum* et peut subir des fractures.

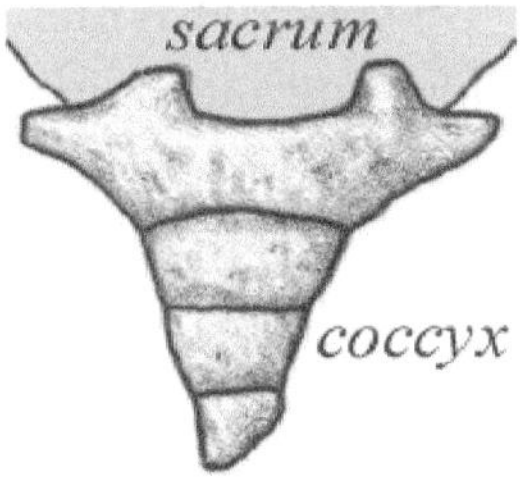

Nous sommes bien outillés pour avoir quelques difficultés avec tous ces nerfs dont les principales douleurs sont évoquées ci-après et pour lesquelles les solutions seront identiques.

La hernie discale

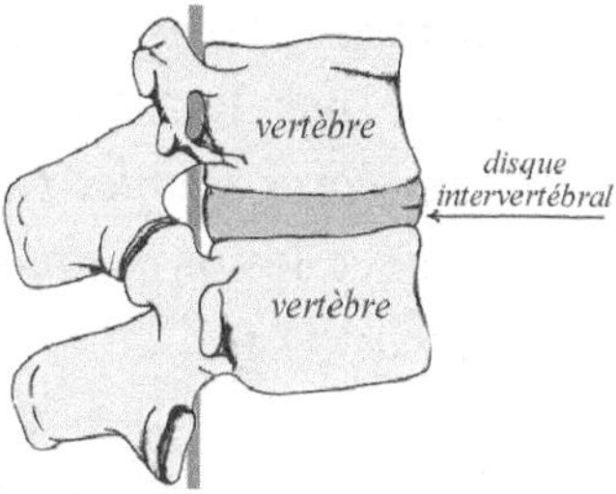

Les vertèbres sont séparées les unes des autres par des sortes de “silentblocs” qui amortissent les chocs et les frottements. Ce sont les *disques intervertébraux,* des *cartilages* unissant les vertèbres en leur laissant une grande mobilité (voir page 64). Lorsqu’un *disque* est abîmé à la suite d’un gros effort ou d’un traumatisme, il est expulsé en arrière et les vertèbres compressent le nerf afférent.

La coccygodynie

Douleur due à une lésion (fêlure) du *coccyx* ou à une névralgie des *nerfs sacrés.*

Le lombago (ou la **lombalgie**)

Il survient brutalement, tel un coup de poignard, s’accompagnant d’une contracture des muscles *sacro-lombaires* et entraînant l’impotence.

C’est le bloquage. La douleur se propage au niveau des fesses et des cuisses et tousser devient un calvaire. Le *lombago* peut disparaître aussi vite qu’il est arrivé.

La sciatique (grec *iskhiadikos,* hanche)

Si c'est le disque séparant les 4e et 5e lombaires ou la 5e lombaire et la 1e sacrée, le *grand sciatique* est alors atteint et la maladie, si difficile à soigner et appelée tout simplement *sciatique* commence, au grand dam de celui qui en souffre...

Dans tous les cas, la douleur part de la région lombaire, suit la fesse, la face postérieure de la cuisse, le mollet, et irradie finalement le pied.

Selon le siège de la *hernie,* la voie parcourue est sensiblement différente :

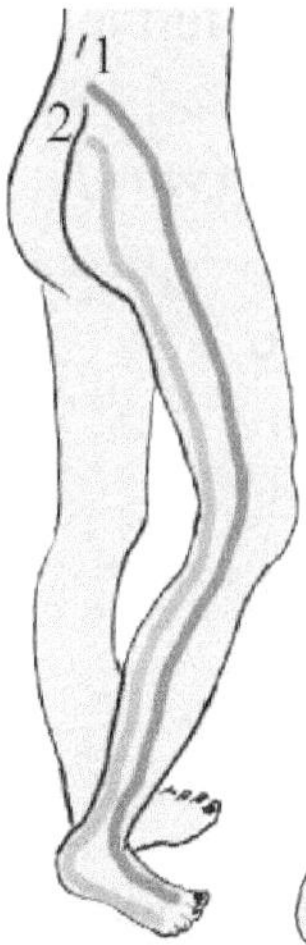

Voie 1 : pincement entre les 4e et 5e lombaires, passage en avant de la saillie osseuse externe du pied, jusqu'au gros orteil.

Voie 2 : pincement entre la 5e lombaire et la 1e sacrée, passage derrière le talon jusqu'aux derniers orteils par la plante du pied suivie fidèlement.

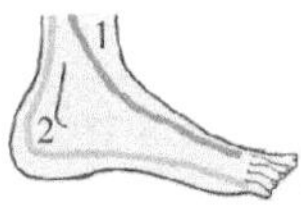

Quel que soit le chemin emprunté, la douleur est toujours invalidante et violente...

En fonction de la voie choisie, on connaît le lieu de naissance de la souffrance : soit à hauteur des *lombaires*, soit des *sacrées.*

C'est donc dans cet endroit qu'il faut agir, pour suivre ensuite le parcours approximatif du nerf incriminé.

La cruralgie (latin *cruralis*, de *crus*, *cruris,* jambe)

La *cruralgie,* ou *névralgie crurale,* est l'atteinte du *nerf crural* en rapport avec une grave lésion de la racine de la 3e lombaire.

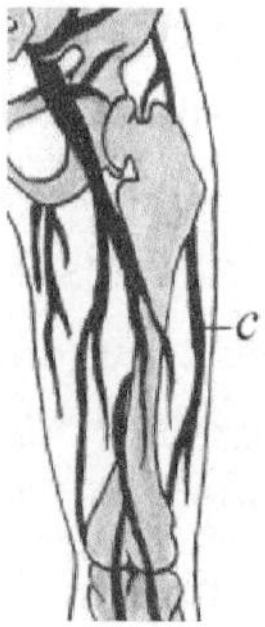

Le *nerf crural* (*c*) prend sa source dans la *3e lombaire,* suit le *canal crural* en compagnie de l'*artère fémorale,* pour aboutir à un orifice fermé par une cloison, le *septum crural*, lequel ouvre le passage à la *hernie crurale.*

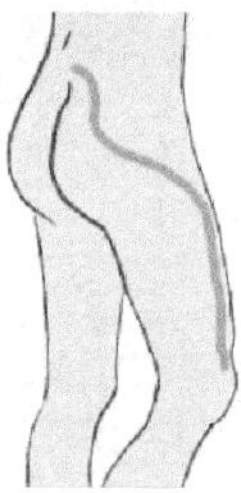

La douleur se propage dans la région lombaire, la face externe de la fesse et la face antérieure de la cuisse. S'y ajoute une faiblesse du muscle et une diminution du *réflexe rotulien* (réflexe d'extension de la jambe sur la cuisse obtenu en frappant le tendon rotulien).

Ne nous illusionnons pas, ces très douloureuses atteintes sont parmi les plus malaisées à soulager.

Mais, comme nous le répétons sans cesse, cela vaut la peine d'essayer.

Le magnétisme

1 - la prise contact (p 35)

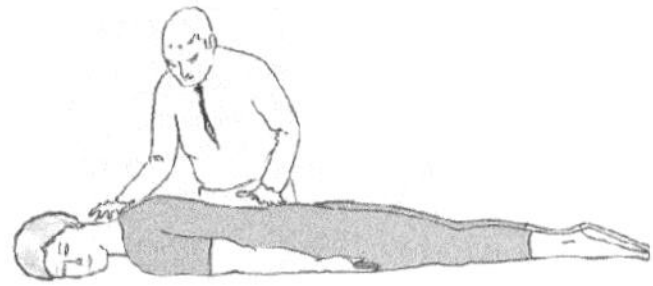

À faire sur le malade couché à plat ventre, en posant doucement les mains sur la nuque et les reins.

2 minutes.

2 - les passes lentes (p 43)

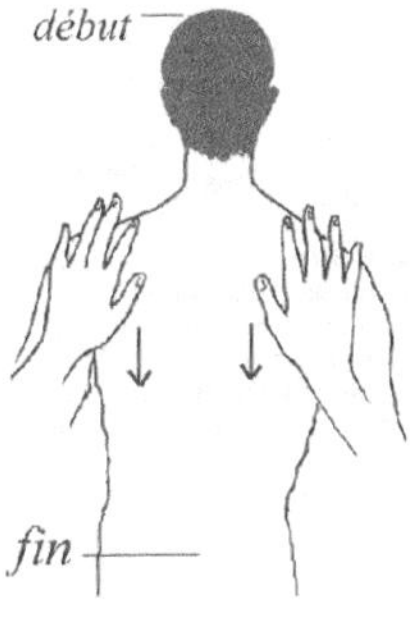

En commençant au dessus du crâne avec les poings fermés, ouvrir les mains et descendre très lentement jusqu'au bas des reins. Cette action régénèrera les organes affaiblis en leur donnant la force de résister.

10 fois.

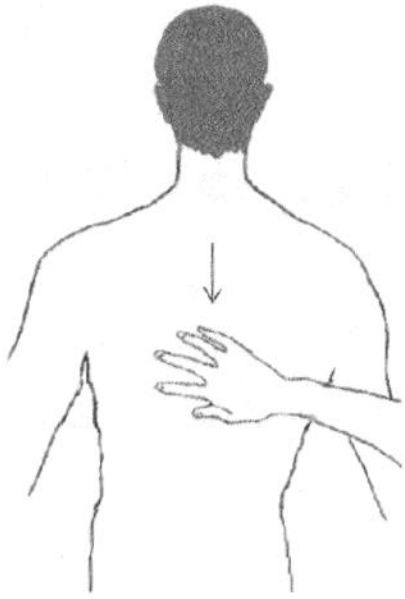

3 - l'effleurement (p 51)

Une main suit la colonne de haut en bas, lentement et en l'*effleurant.* En passant sur la vertèbre atteinte, une chaleur sera nettement ressentie.
C'est l'endroit à traiter.

4 - l'imposition palmaire circulaire (p 38)

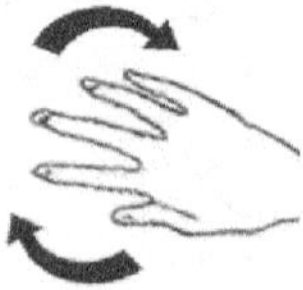

Une main étant en imposition palmaire, lui faire effectuer un mouvement circulaire respectant la polarité sur la vertèbre malade pendant 2 minutes.

5 - la friction circulaire (p 54)

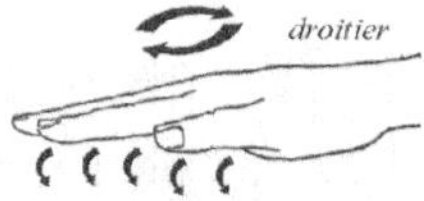

Au même endroit, en tenant compte de la polarité.

10 fois.

6 - les passes à petit courant (p 43)

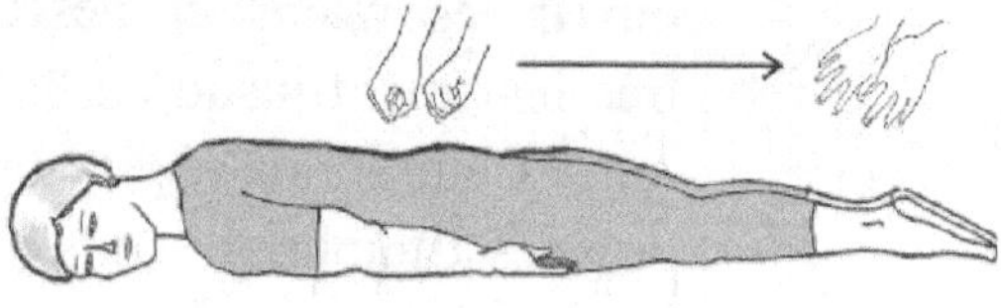

Débuter avec les poings fermés sur la vertèbre malade, ouvrir les mains, descendre lentement le long de la jambe jusqu'au pied, "rejeter" les ondes nocives derrière vous en guise de *protection*, remonter, puis recommencer en refermant les poings.

À faire lentement, en douceur, une bonne vingtaine de fois, sans arrêter, même si le sujet rechigne, car c'est plutôt de bon augure...

7 - le souffle chaud (p 45)

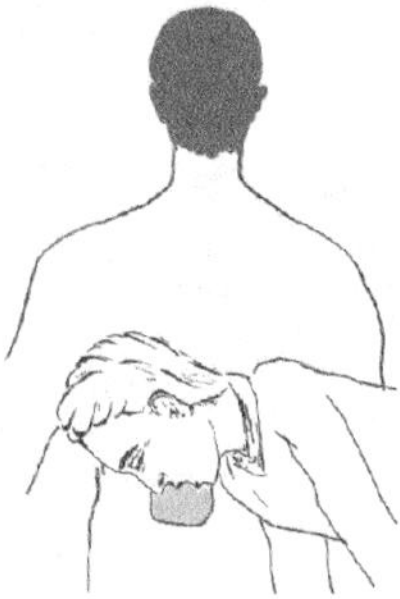

L'action, à la fois calmante et revitalisante du souffle sera une fois de plus l'ultime recours ; il ne faut pas le négliger.

25 à 30 fois, voire plus si le malade le supporte.

Ne pas oublier la *protection.*

Cette longue séance est à faire deux fois par jour pendant trois jours, une fois ensuite, jusqu'à une amélioration.

Le magnétisme humain n'est pas une médecine,
il renforce les défenses immunitaires de l'organisme

La hanche

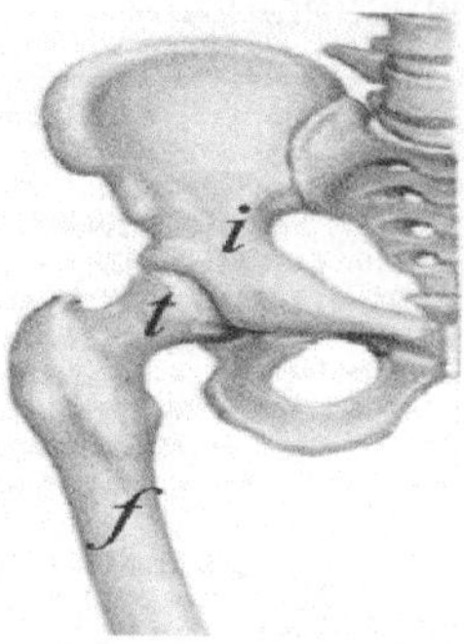

Du francique *ancke.*

Chacune des deux régions symétriques du corps formant saillie au-dessous des flancs, entre la fesse, en arrière, et le pli de l'aine, en avant, en unissant la jambe au bassin.

L'articulation unit la *tête* (*t*) du *fémur* (*f*) à la cavité de l'*os iliaque* (*i*) qui constitue le squelette de la hanche ; elle est maintenue par une capsule et des ligaments puissants permettant des mouvements très variés. Cette articulation supporte le poids de tout le haut du corps.

Les accidents et pathologies de la hanche sont multiples : la *fracture du col du fémur* (la partie la plus étroite de la *tête* (*t*) du fémur) est fréquente, surtout chez les gens âgés. La *luxation* (ou déplacement) *accidentelle* nécessite un choc violent. La *luxation congénitale* (*ostéochondrite*) est due à la la tête fémorale qui s'aplatit ; elle touche surtout des jeunes en pleine croissance ; son traitement nécessite l'immobilisation de la hanche jusqu'à la reconstitution de la tête fémorale.

En latin, hanche se dit *coxa* ; nos scientifiques ont décidé de nommer ainsi tout ce qui touche à cette articulation : *coxalgie,* douleur de la hanche, *coxa-plana, coxa-valga* et *coxa-vara,* anomalies de la croissance, etc...

La douleur la plus fréquente reste provoquée par la *coxarthrose* ou *arthrose* de la hanche : c'est le vieillissement des cartilages articulaires, forme de rhumatisme frappant l'adulte après 40 ans, en compliquant une *coxalgie* ou une déformation.

La douleur de la hanche est très gênante pour la marche et la mobilité générale, le poids du corps sur l'atteinte fémorale déclenchant des souffrances difficiles à supporter.

Si les antalgiques ne calment pas la douleur, on peut remplacer l'articulation par une *prothèse.*

(extrait de *Comment utiliser les aimants,* même auteur)

Le magnétisme

1 - la prise de contact (p 35)

À faire de préférence en position assise en gardant l'œil fixé sur le *plexus solaire.*

2 - l'imposition palmaire (p 38)

La main se positionne sur le siège de la douleur, en se maintenant à 2 centimètres, parfaitement immobile et décontractée, les doigts ouverts mais sans les tendre. Rester ainsi pendant 2 minutes environ.

3 - l'imposition palmaire circulaire (p 38)

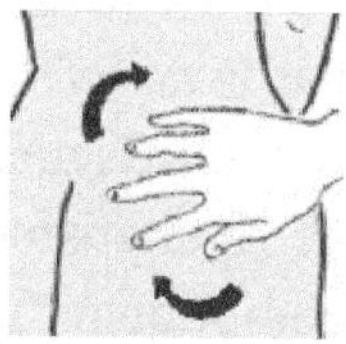

Après l'exercice précédent et dans la même position, décrire un cercle avec la main en tenant compte de la polarité.

2 minutes.

4 - l'imposition digitale (p 39)

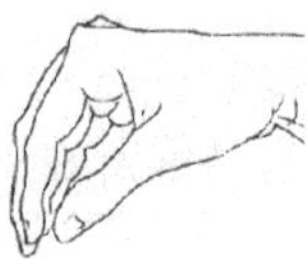

Les doigts regroupés en pointe sans se toucher, viser la hanche et se maintenir ainsi 2 minutes.

5 - la friction traînante (p 53)

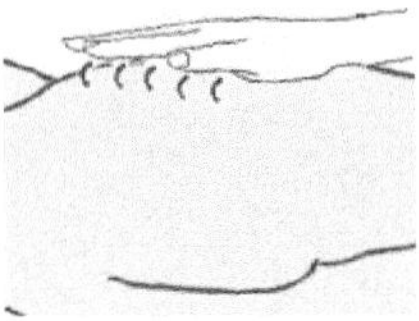

Pour dégager la hanche, laisser traîner la main entrouverte, de haut en bas le long du mal, en exerçant une légère pression des articulations. 20 fois.

6 - les passes à grand courant (p 44)

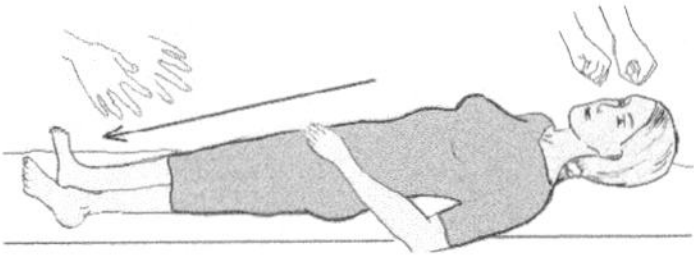

Débuter à la tête, poings fermés, ouvrir les mains, descendre jusqu'aux pieds.

Jeter les ondes nocives derrière soi en veillant à ce qu'il n'y ait personne et recommencer 10 fois. Cela dégagera l'ensemble du corps de votre malade en redonnant de la force à l'immunité de son organisme.

7 - le souffle chaud (p 45)

Directement sur la douleur, souffler 25 ou 30 fois.

Deux séances par jour pendant trois jours, une les jours suivants.

Le genou

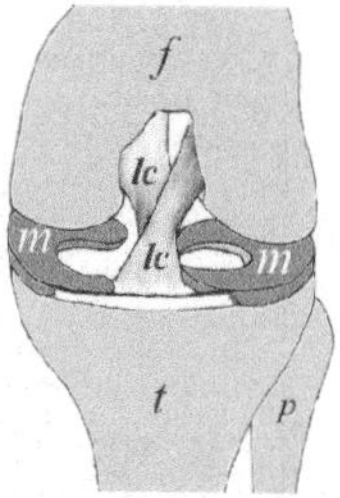

Le *genou* est l'articulation du *fémur* (*f* : os de la cuisse), du *tibia* (*t* : os de la jambe) et du *péroné,* (*p* : 2e os de la jambe). La *rotule,* un os plat triangulaire, est devant eux et s'avère fragile.

Pour assurer le contact et le glissement de ces os, 2 *ménisques* (*m*) (*grec mêniskos,* croissant), des lamellescartilagineuses, situés, l'un à l'intérieur et l'autre à l'extérieur du genou.

Les éléments de l'articulation sont réunis par les *ligaments* (latin *ligare,* lier) de 2 sortes : *latéraux* et *croisés.* Leur rupture entraîne la panne totale de l'articulation.

La *synovie* (nom donné par Paracelse au 16e s.) est le lubrifiant blanchâtre de l'articulation.

Le magnétisme

1 - la prise de contact (p 35)

Peut se faire en position assise ou couchée.

2 - l'application (p 37)

Poser une main en position *hétéronome* pendant 2 minutes sur l'articulation (p 29).

3 - l'imposition palmaire circulaire (p 38)

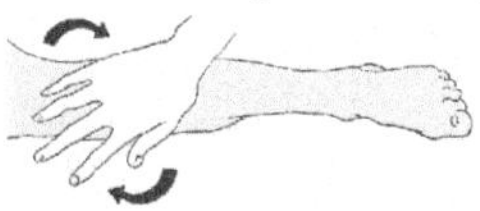

Dans la même position, décrire des cercles dans le sens des aiguilles d'une montre, ou en sens contraire en fonction de la polarité. 2 mn.

4 - la friction traînante (p 53)

Si elle est faite délicatement, la douleur ne reviendra pas. 5 fois.

5 - le souffle chaud (p 45)

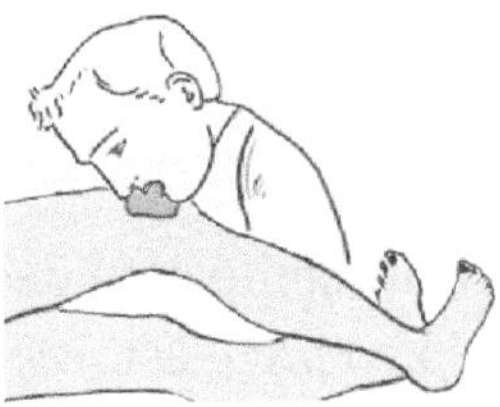

Directement sur le genou endolori, en faire le plus possible, au moins 30, puis renouveler.

2 fois par jour pendant 3 jours, une fois ensuite.

Le coude

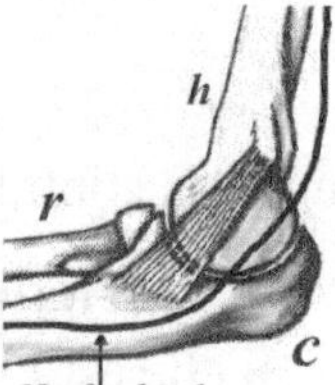

(latin *cubitum,* coude)

L'articulation du bras est faite de 3 os, l'*humérus* (*h*), le *radius* (*r*), le *cubitus* (*c*). L'*oléocrane* laisse passer le *nerf cubital,* exposé aux traumatismes. L'*épicondyle* (grec *kondulos,* articulation) est une éminence de l'extrémité inférieure de l'*humérus.*

Épicondylite ou **tennis-elbow**

"Tennis-coude", en français. L'inflammation des tendons qui s'insèrent sur l'*épicondyle* est responsable de cette douleur qui se déclare à la partie externe du coude en étant amplifiée par les mouvements de l'avant-bras.

Luxation, entorse, foulure

Déplacement de deux surfaces articulaires. Elle est douloureuse et invalidante, mais sans gravité et ne laisse pas de séquelles.

Le magnétisme

1 - la prise de contact (p 34)

Peut se faire en position assise ou couchée.

2 - l'imposition palmaire (p 38)

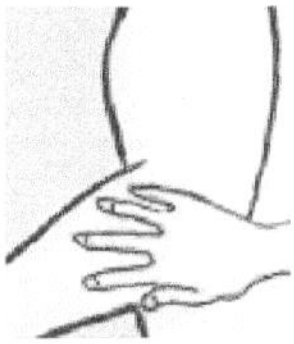

En tenant compte de la polarité, maintenir la main à 2 cm au dessus du coude pendant 2 minutes.

3 - l'imposition digitale circulaire (p 39)

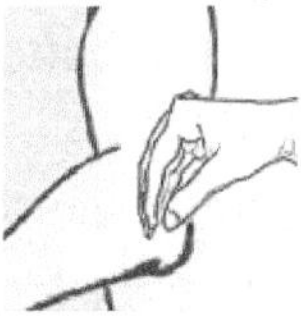

Les doigts en pointe sans serrer, la main décrit un cercle bref et rapide équivalent à la taille du coude.

20 fois.

4 - les passes lentes (p 43)

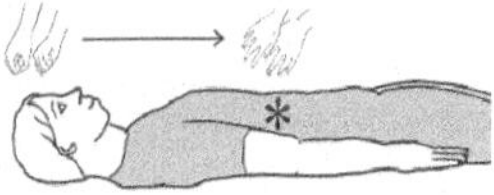

De la tête au *plexus*. 20 fois.

5 - le souffle chaud (p 45)

Directement sur la douleur, ne pas hésiter à en faire 25.

2 fois par jour jusqu'à l'amélioration.

Le poignet, la main

Poignet (vx. fr. *pugnet,* mesure de grain)

Métacarpiens (*m*) : les 5 os formant le squelette de la main, entre les phalanges et le *carpe* (*c*).

Carpe (grec *karpos,* poignet) : double rangée de 8 petits os, située entre les os de l'avant-bras et les *métacarpiens*.

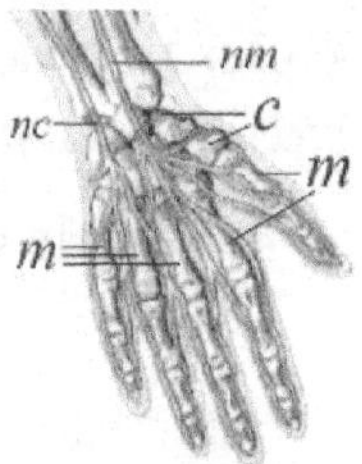

Le *nerf cubital* (*nc*) prend son origine dans le *plexus brachial* (au bras) pour se terminer à la main ; suit le *nerf médian* (*nm*).

Leur atteinte provoque la perte douloureuse de la flexion et de la rotation, les os du *carpe* (*c*) étant touchés par des *rhumatismes* et une réaction des *nerfs*, nommée *griffe cubitale*.

Foulure du poignet

L'articulation ne pouvant fonctionner à cause de la douleur provoquée, il suffit de soulager celle-ci pour que le problème soit résolu.

Mains et doigts

La maladie la plus invalidante reste néanmoins la *polyarthrite rhumatoïde,* l'inflammation de plusieurs articulations. Déclenchée vers 40 ou 60 ans, plus fréquente chez la femme que chez l'homme, c'est la *polyarthrite chronique évolutive - P.C.E.*

La crise commence par toucher les mains, puis les pieds et finit par les genoux. Des déformations sont visibles sur les mains et la maladie évolue par poussées avec la fièvre, la perte d'appétit, l'amaigrissement et une grande fatigue.

C'est une maladie grave nécessitant une surveillance médicale stricte.

Phalanges

Les os qui forment le squelette d'un doigt ou d'un orteil (2 pour le pouce et le gros orteil, 3 pour les autres doigts) ; les articulations peuvent être atteintes par des rhumatismes.

Le magnétisme

1 - la prise contact (p 34)

Doit se faire en position assise afin que les mains soient aussitôt en contact.

2 minutes.

2 - l'application (p 37)

Continuer à maintenir la main sur l'endroit qui dégage de la chaleur pendant 2 minutes.

3 - l'imposition palmaire (p 38)

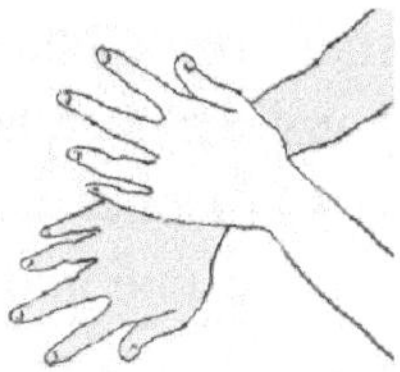

Sur le siège de la douleur, une longue imposition *hétéronome* de 3 minutes sera la bienvenue. Elle dégagera et rendra son immunité à l'articulation.

4 - les passes rapides (p 43)

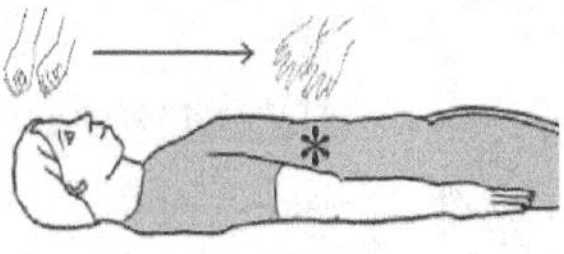

Se feront de la tête au *plexus solaire* très rapidement (5 secondes) afin de dégager l'organisme malade de ses ondes nocives et de redonner la vigueur à son immunité.

Penser à la *protection* (voir ci-après).

5 - les passes transversales (p 44)

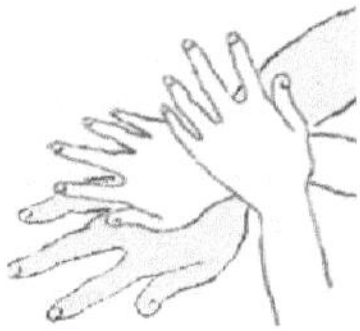

Les mains sont croisées sur l'articulation, puis immédiatement décroisées. Rejeter derrière soi en veillant à ce qu'il n'y ait personne pouvant prendre ces ondes. Recommencer le plus grand nombre de fois possible.

6 - le souffle chaud (p 45)

Chaque articulation douloureuse aura sa dose de souffles, avec ou sans carton intercalé.

25 fois.

2 fois par jour les 3 premiers jours,
1 fois ensuite.

Le magnétisme humain n'est pas une médecine,
il renforce les défenses immunitaires de l'organisme

La vue, les yeux

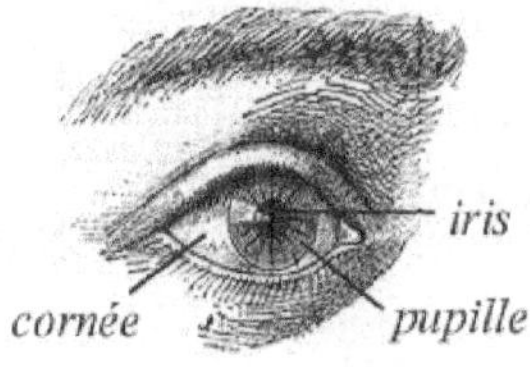

L'*œil* peut souffrir de multiples lésions comme la *conjonctivite* (membrane intérieure des paupières), la *kératite* (inflammation de la cornée) ou le *glaucome* (augmentation de la pression interne qui provoque la compression du nerf optique).

Ces atteintes se distinguent des autres par leur caractère principalement mécanique et sont donc plus accessibles au magnétisme. C'est pourquoi, sans donner de faux espoirs, nous allons tenter de les soulager si peu que ce soit.

Le magnétisme

1 - la prise de contact (p 34)

En position assise, le regard rivé sur le *plexus solaire.*

Rester ainsi 3 minutes.

2 - l'imposition palmaire (p 38)

Impositions palmaires *hétéronomes* d'une main sur les *chakras* crânien* et du *3e œil.* Rester immobile pendant 2 minutes sur chacun.

3 - les passes rapides (p 43)

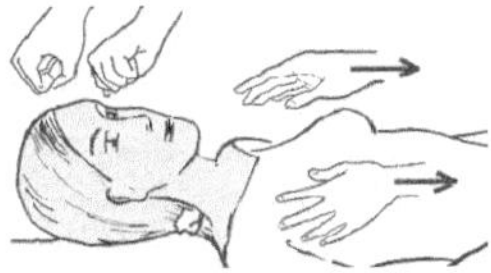

De la tête au *plexus solaire,* en débutant les poings fermés et recommencer 10 fois.

4 - le souffle chaud (p 45)

Sur l'œil, paupière close.

C'est le plus important : le souffle calme la *conjonctive,* réduit l'inflammation de la *cornée* et la *pression interne.*

Peut être fait directement ou par l'intermédiaire d'un tube de carton.

10 à 20 par séance, une fois par jour.

L'insomnie

Un peu d'insomnie n'est pas inutile
pour apprécier le sommeil. Proust

La qualité du sommeil

État psychologique correspondant à la cessation de la vigilance et de l'activité musculaire, au ralentissement de la circulation sanguine et de la respiration, et à l'activité onirique (les rêves).

Contrairement au coma ou à l'hypnose, il s'interrompt au bruit et aux secousses...

La durée du sommeil en 24 heures passe de 18 chez le nourrisson à 8 environ chez l'adulte pour se réduire à 6 à un âge avancé. Un humain de 75 ans aura donc passé 25 ans de sa vie à dormir !

L'absence de sommeil conduit à la mort.

Il se définit en 4 phases lentes de profondeur croissante, suivies par un état dit *paradoxal,* qui est la phase du sommeil correspondant aux périodes de rêve, et où se produisent des mouvements oculaires rapides. C'est *paradoxalement* le stade le plus profond, mais pas le plus réparateur.

Une nuit de sommeil normal demande 4 ou 5 cycles complets et on se réveille, si rien ne vient l'interrompre, après le cycle *paradoxal.*

L'insomnie

Si une difficulté à s'endormir est constatée au début de la nuit, la dette de sommeil ira en s'accumulant et le dynamisme vital sera réduit. En cas de durée et de répétition habituelles et régulières, entre 3 et 4 heures du matin, le moment du pôle maximal de l'anxiété, c'est la dépression, l'anxiété ou la mélancolie. Le signe d'un désordre.

Le cauchemar

Du picard *cauchier,* presser, et du néerlandais *mare,* fantôme. Rêve dont l'élément est l'angoisse avec sensation d'étouffement. Chez l'enfant, il est accompagné de terreurs nocturnes qu'il oublie au réveil. Chez l'adulte, les cauchemars à répétition sont la manifestation d'un état nerveux fragilisé et témoignent de perturbations affectives.

Ils peuvent précéder ou suivre une insomnie en la rendant plus pénible à supporter.

La fatigue chronique

Ou *asthénie* : du grec *a,* sans, et *sthenos*, force.

Le sommeil répare d'une fatigue normale, alors qu'une trop grande fatigue provoque l'insomnie.

L'*asthénie* se ressent comme un affaiblissement anormal apparaissant dès le réveil. On ne peut la confondre avec la fatigue normale parce qu'il est question du domaine psychologique, moralement très pénible et ne dépendant pas d'un effort réel.

N'ayant pas de cause physique, elle ne disparaît pas avec le repos et se manifeste donc dans des états névrotiques prononcés.

(cf. *Protéger son domicile,* mêmes auteur et éditeur)

Ces ennuis très fréquents ont la même origine, l'état nerveux. Nous y apporterons une attention particulière.

Le magnétisme

1 - la prise de contact (p 35)

Le malade étendu sur le dos, la main droite sera posée sur le front, la gauche sur le *plexus solaire*

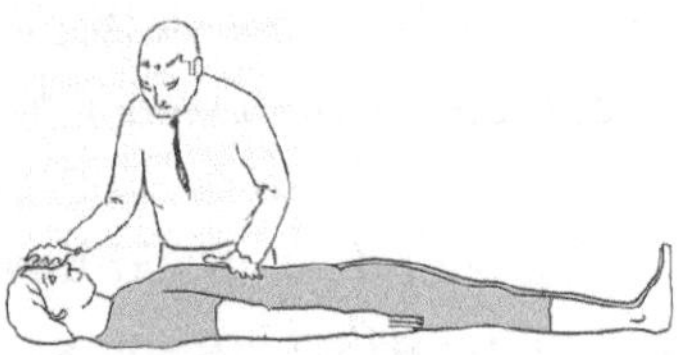

et elles y resteront, immobiles, pendant au moins 2 minutes. Parler avec douceur...

2 - l’imposition palmaire (p 38)

Impositions palmaires *hétéronomes* d’une main sur les *chakras* * *crânien* et du *3ᵉ œil.* Pour des vertiges, faire de même sur les lobes des oreilles.

3 - les passes rapides (p 43)

4 - l’effleurement (p 51)

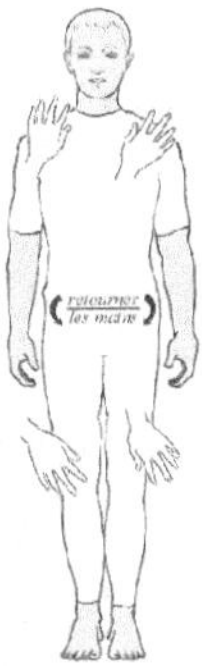

La personne étant couchée, vos mains partent de ses épaules en appuyant à peine, descendent lentement jusqu’aux hanches, marquent un arrêt, se retournent et arrivent aux pieds. Penser à la *protection.* 5 fois.

5 - la friction circulaire (p 54)

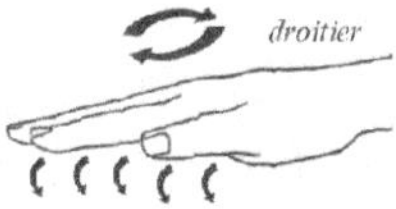

On la fait sur le *plexus solaire* 30 fois sans arrêter. Veiller à la polarité...

6 - le souffle chaud (p 45)

C’est le plus important car on le fait d’abord sur les *chakras* * *crânien,* du *3e œil* et de la *gorge* pour terminer sur le *plexus solaire.* 20 fois chacun...

2 séances par jour pendant une semaine.

L'appareil respiratoire

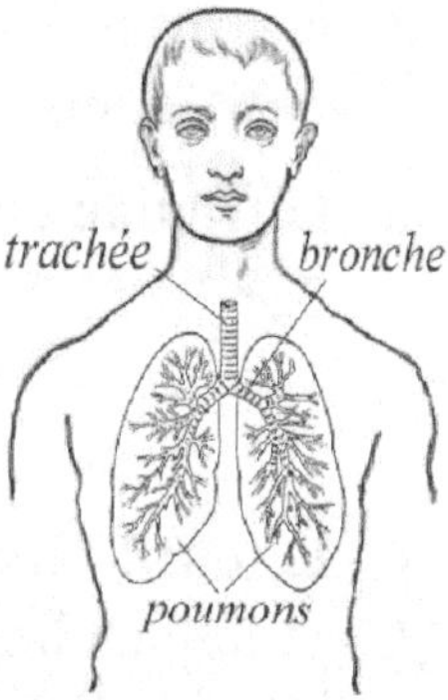

La *bronche* est le conduit qui mène l'air de la *trachée artère* au *poumon.*

Le *poumon* est un viscère (latin *visceris,* chair) situé dans la cage thoracique, organe de la respiration, où se font les échanges gazeux.

Le *poumon,* entouré par les *plèvres* (membranes), est composé de minuscules cavités communicant avec l'atmosphère par les *bronches,* la *trachée*, le *larynx*, le *pharynx*, la *bouche* et le *nez*.

Nous avons deux poumons, l'un à droite et l'autre à gauche de la cage thoracique.

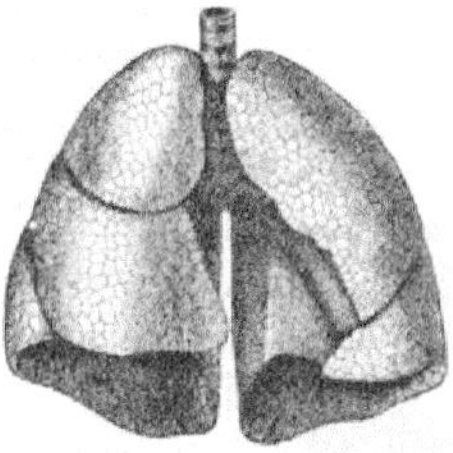

Un poumon pèse environ 600 grammes chez l'adulte, est élastique, de couleur gris-rosé. Sa faible densité lui permet de flotter s'il n'est pas gorgé d'eau (noyé).

Le poumon droit a trois lobes, le gauche deux seulement, à cause de la présence du cœur.

Leur capacité totale est de 3 litres en inspiration normale et de 5 en inspiration forcée.

Les *bronches souches* :

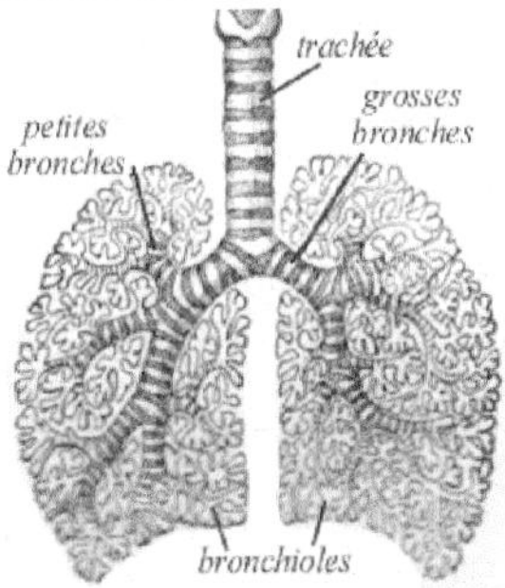

La *trachée* se divise en deux *grosses bronches* au niveau de la 5ème vertèbre dorsale.

La droite est plus grosse et chacune pénètre dans le poumon correspondant où elle se divise en *petites bronches* qui se terminent dans les *bronchioles* menant aux *alvéoles* (petites cavités où se font les échanges gazeux) des *poumons* qui font, par l'intermédiaire des *vaisseaux capillaires,* la séparation de l'oxygène et du gaz carbonique.

L'oxygène va dans le sang et le gaz carbonique est rejeté à l'extérieur au moment de l'expiration.

La *respiration* est la réunion des opérations qui permettent ce transfert.

Elle se décompose comme suit :

1 - La *ventilation,* assurée par les mouvements de la cage thoracique, renouvelle l'air des *alvéoles*.

2 - Les *échanges gazeux* entre les *alvéoles* et les *vaisseaux capillaires* sanguins.

Une bonne *respiration* demande que la *trachée,* les *bronches* et les *poumons* soient en parfait état de marche ; faute de quoi, nous sommes exposés à quelques déboires.

La *trachée artère* (grec *artêria trakheia*, conduit râpeux) ou *trachée* en abrégé, est un tube cylindrique fait d'anneaux cartilagineux se terminant directement sur les *bronches.*

La *trachéite* est son inflammation reconnaissable à sa toux sèche, spasmodique ou par quintes.

Les *bronches* (grec *brogkos,* gorge) nous amènent la *bronchite,* inflammation de deux formes :

La *bronchite aiguë,* suite à un refroidissement et parfois accompagnée de gâteries telles la laryngite et la trachéite. Toux sèche et fièvre en sont les manifestations les plus visibles.

La *bronchite chronique* est plus longue à venir, plusieurs années, et s'installe pour longtemps. Le malade est souvent un homme adulte, fumeur, et présente des poussées aiguës en hiver.

Le *poumon* (grec *pnein,* respirer) est le moteur de la respiration, commandé par les contractions de la *cage thoracique.* Il est sujet à des anomalies plus ou moins importantes que l'on désigne sous le nom de *pneumopathies.* Les principales sont :

L'*asthme* (grec *asthma,* essoufflement) est dû à un resserrement des *bronches* et des *bronchioles* par un spasme ; la crise survient entre minuit et deux heures du matin, la respiration est très difficile et la sensation de gêne oblige à se lever.

L'*emphysème* (grec *en,* dans et *phusaô,* souffle) est la détérioration définitive des *alvéoles* qui les empêche de se vider de l'air.

La *pneumonie microbienne* est l'inflammation d'un *lobe* entier. Marquée par un point de côté et une fièvre élevée, elle entraîne une toux caractéristique et révélatrice et est maintenant devenue rare grâce aux antibiotiques.

Les autres *pneumonies* sont tout aussi sérieuses et demandent l'intervention rapide d'un médecin.

Ces maladies graves réclament des soins urgents et classiques, mais rien n'empêche d'y ajouter un peu de magnétisme humain, ne serait-ce que pour “consolider” la résistance des organes atteints...

On ne soulage pas l'appareil respiratoire comme une migraine ; il faudra donc de la patience.

Le magnétisme

1 - la prise de contact (p 35)

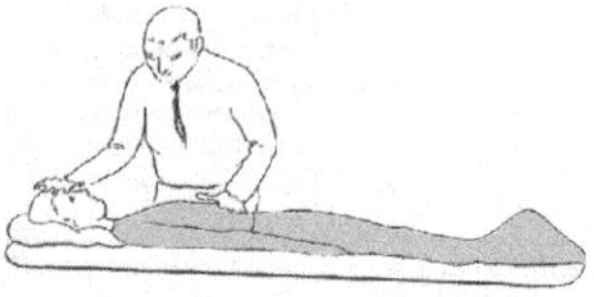

Il vaut mieux la faire la personne étant couchée pour son confort. Les deux mains, posées sur le front et le *plexus,* doivent demeurer immobiles au moins 2 minutes.

2 - l'imposition palmaire (p 38)

Imposition palmaire *hétéronome* de 2 minutes sur les bronches.

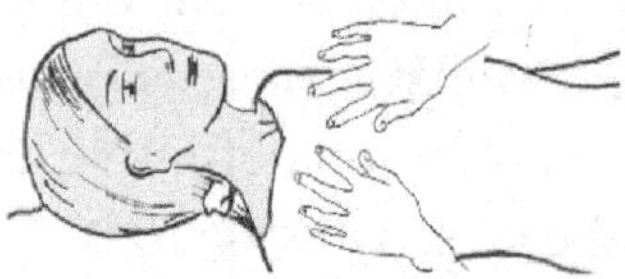

3 - les passes lentes (p 43)

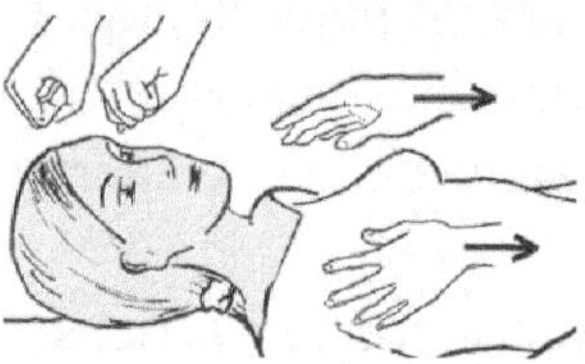

Sans omettre de débuter avec les mains fermées, descendre du sommet du crâne au *plexus solaire.*

En faire 10 en suivant.

4 - la friction traînante (p 53)

Elle peut être d'un grand secours pour bien dégager des bronches trop chargées ; en faire une petite dizaine, de la gorge au *plexus solaire.*

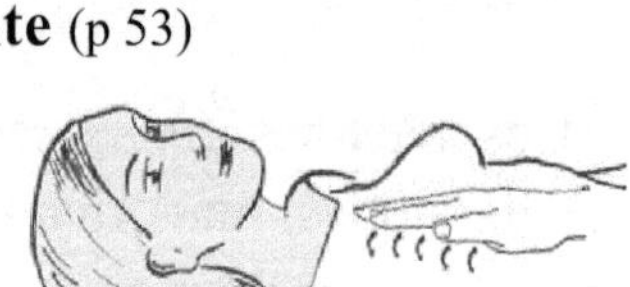

5 - les passes à grand courant (p 44)

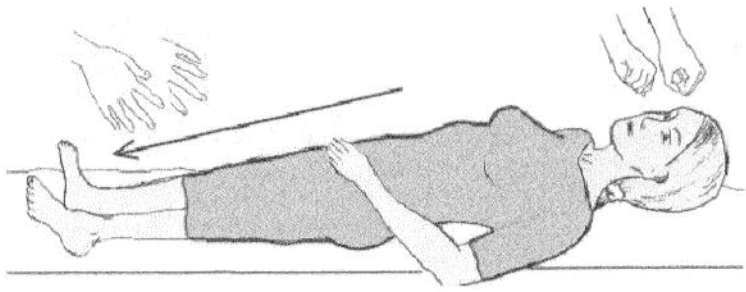

Quoique un peu secondaires, 3 ou 4, exécutées rapidement, libèreront tout le corps des restes éventuels d'une bronchite allergique.

6 - le souffle chaud (p 45)

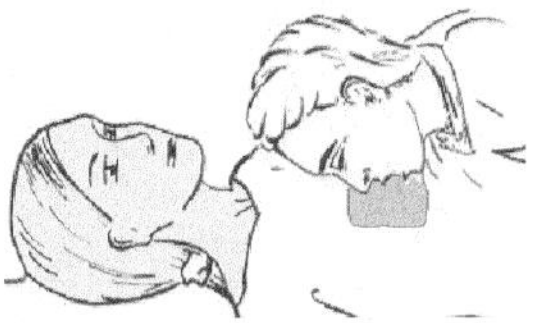

Une série de 5 souffles sur les *chakras* (p 36) de la *gorge* et du *cœur*, puis sur le *plexus solaire* et sur chaque bronche suffira à ralentir l'inflammation au plus vite.

Cette séance sera à exécuter matin et soir les trois premiers jours, une seule fois les dix jours suivants ; puis deux fois par semaine.

Le magnétisme humain n'est pas une médecine,
il renforce les défenses immunitaires de l'organisme

L'appareil digestif

La *digestion* est la transformation des aliments en substances chimiques pour qu'ils passent dans la circulation. Tout est régi par l'*appareil digestif.* On y trouve, de haut en bas :

œ : *œsophage* ;

e : *estomac* ; *f* : *foie* ;

puis le *côlon* (gros intestin) :

a : *ascendant* ;

t : *transverse* ;

d : *descendant* ;

enfin, vers la sortie :

g : *intestin grêle* ;

r : *rectum* et *appareil uro-génital.*

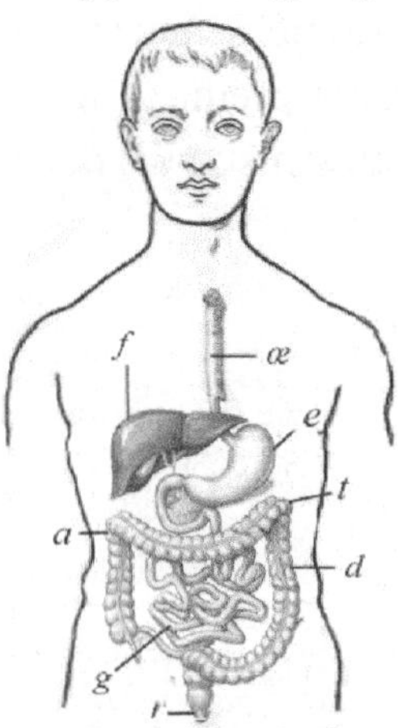

Les troubles digestifs les plus courants sont :

L'*aérophagie* : grande quantité d'air qui pénètre dans l'œsophage et l'estomac.

Les *ballonnements* : gonflement de l'abdomen dû à l'accumulation des gaz intestinaux.

La *colite* : inflammation du *côlon* due souvent à une cause nerveuse.

La *constipation* : évacuation des selles difficile.

La *diarrhée* : évacuation de selles liquides.

La *dyspepsie* : troubles digestifs, venant surtout de l'estomac, sans lésion organique évidente.

La *nausée* : sensation de dégoût insurmontable.

L'*ulcère de l'estomac* : perte de substance de la muqueuse gastrique aux causes mal connues, dont le surmenage, les contrariétés, l'angoisse.

Les *vomissements* : rejet par la bouche de façon spasmodique.

Sans épiloguer sur l'action médicale à observer scrupuleusement, ces ennuis gastriques ont bien des points communs : la nervosité, l'angoisse, le surmenage, et tout ce qui contrarie une existence sereine. Le monde moderne et ses contraintes ne sont pas faits pour améliorer les choses, surtout lorsqu'un emploi est en jeu, par exemple.

L'organisme subit les ennuis psychologiques et en traduit les effets à sa façon : il dérègle ce qui se ressent le plus rapidement, la digestion...

Notre tâche sera donc de calmer la partie la plus exposée à ces réactions, le *plexus solaire* ! (p 34)

Sans oublier les autres, évidemment.

Formé de ganglions (renflement situé sur les vaisseaux lymphatiques ou sur les nerfs), le *plexus solaire* est un réseau de nerfs issus du système sympathique (vie organique et végétative) et parasympathique (système neurovégétatif comprenant deux centres nerveux) ; en clair, il est bien placé pour savoir ce qui ne va pas dans notre vie de tous les jours.

Il pilote nos sensations, nos émotions, sous une forme dite *rayonnante* (qui émet des radiations), d'où son nom particulièrement séduisant.

Partant de cette constatation technique, peut-on penser que le principal responsable de nos ennuis psychosomatiques (occasionnés, favorisés ou aggravés par des facteurs émotionnels et affectifs) serait implanté au beau milieu de notre buste ? Sans doute, mais il est aussi celui par qui le dénouement arrive, car il guérit plus vite qu'il ne s'indispose ! Encore faut-il avoir un mode d'emploi cohérent.

Son emplacement privilégié sous le sternum est assez bien précisé ici et, afin que nul n'oublie cette présence, elle sera rappelée chaque fois que nécessaire.

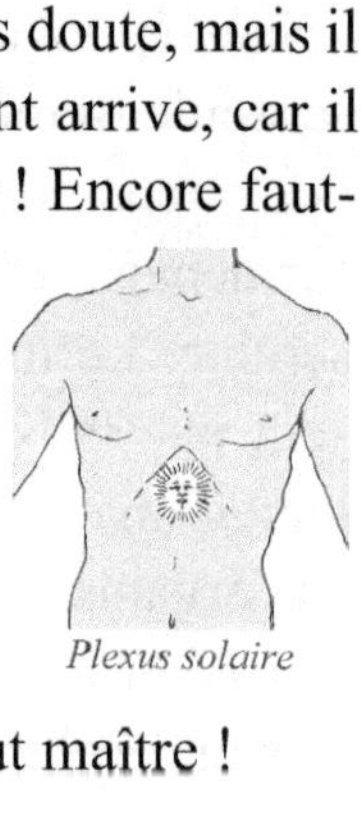

Plexus solaire

Et le *plexus solaire* sera notre atout maître !

Le magnétisme

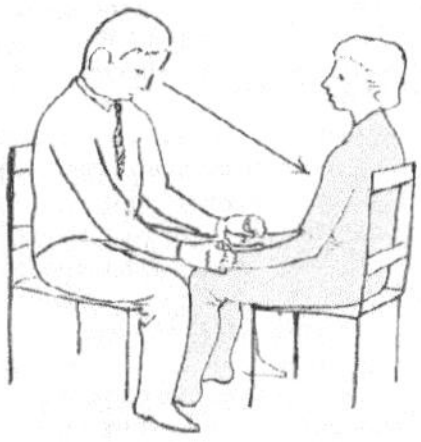

1 - la prise de contact (p 34)

En position assise, le regard rivé sur le *plexus solaire.*

Rester ainsi 3 minutes.

2 - l'imposition palmaire (p 38)

Avec une main seulement, faire une imposition d'une minute environ sur le *plexus solaire.*

La retirer et recommencer 3 fois.

3 - l'imposition palmaire circulaire (p 38)

C'est exactement la même, mais en décrivant un mouvement circulaire de la main dans le sens des aiguilles d'une montre pour un droitier, dans le sens inverse pour un gaucher. 2 minutes sur le *plexus solaire.*

4 - les passes à grand courant (p 44)

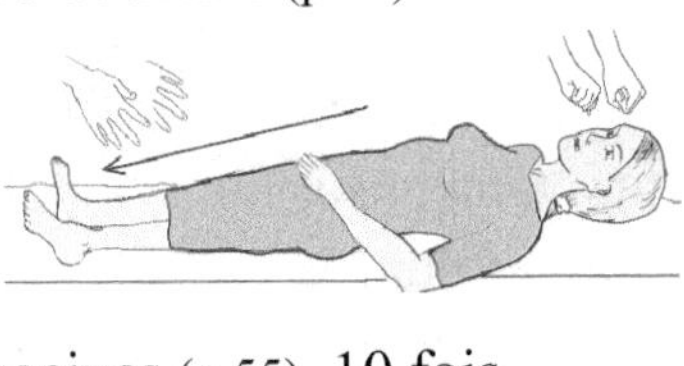

Ne pas oublier de débuter en ayant les mains fermées et de se protéger en jetant derrière soi les ondes nocives (p 55). 10 fois.

5 - les passes transversales (p 44)

Sur le *plexus solaire,* croiser les mains, puis les

décroiser vivement, les retirer en jetant les ondes nocives derrière soi.

10 fois.

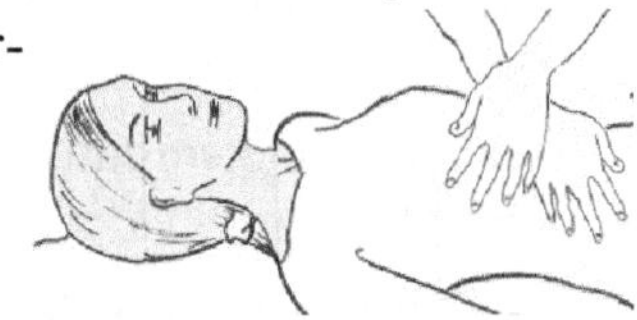

6 - le souffle chaud (p 45)

Nous sommes enfin parvenus à l'élément le plus important de la séance. Si celle-ci s'avérait trop longue à cause de sa complexité, il vaudrait mieux supprimer une des opérations précédentes, mais s'astreindre à faire les souffles chauds que nous préconisons ci-après. Leur efficacité est reconnue.

Sur le *plexus solaire* pour commencer, plus il en sera fait, mieux les ennuis disparaîtront.

Au moins 25 ou 30...

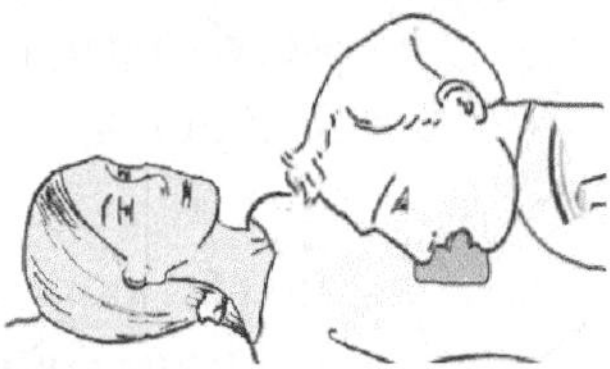

Pour l'*aérophagie,* on en exécutera en suivant le même nombre directement sur l'*estomac.*

L'*ulcère de l'estomac* et la *dyspepsie* se traitent aussi en faisant le maximum de souffles chauds directement sur lui. L'ajouter à l'opération décrite ci-après pour la *colite.*

Les *ballonnements,* la *constipation,* l'*aérophagie* et la *diarrhée* demanderont moins d'efforts.

Reste la *colite.* C'est la plus fréquente et la plus symptomatique des maladies provoquées par un système nerveux délabré.

Le *côlon,* ou *gros intestin,* se compose de trois parties (p 69) :

a) ascendant, t) transverse,

d) descendant.

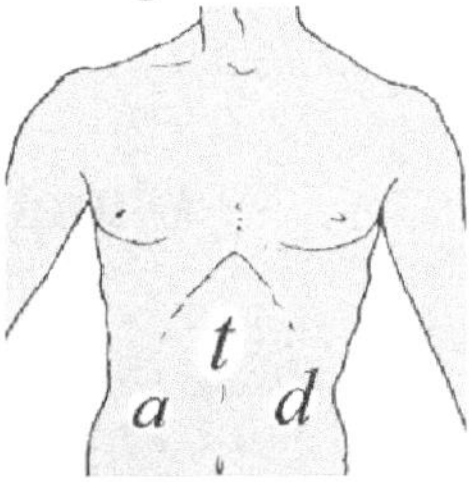

Régénérer les trois parties, l'une après l'autre, dans le sens de la marche : *a - t - d.*
20 souffles chauds sur chacune sans interruption.

Une *colite* ne devrait pas y résister.

Matin et soir pendant 3 jours, le matin les jours suivants, jusqu'à l'amélioration visible.

Le magnétisme humain n'est pas une médecine,
il renforce les défenses immunitaires de l'organisme

L'appareil circulatoire

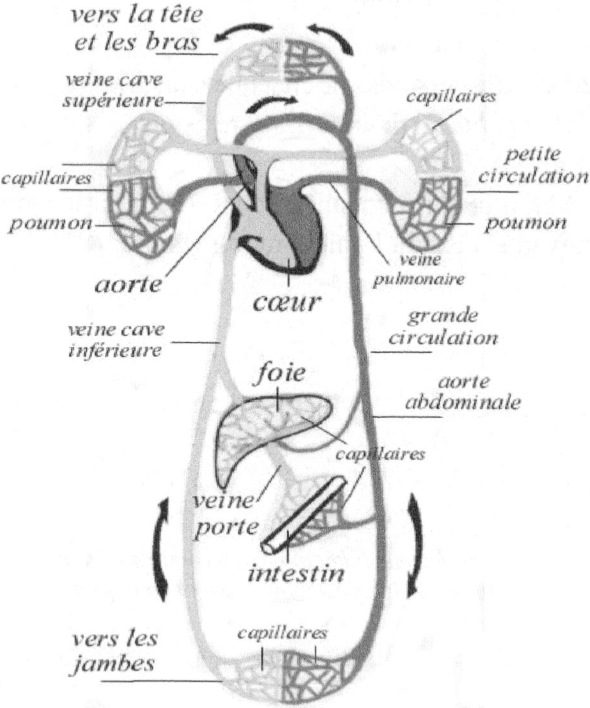

Le sang accomplit les échanges nutritifs et circulatoires en faisant le va et vient entre les organes (poumons, intestins, reins). Il est animé par un mouvement s'effectuant à travers les canaux de l'*appareil circulatoire.*

Le cœur est la pompe aspirante et refoulante de ce mouvement. Il aspire le sang dans les *veines* et le refoule dans les *artères*.

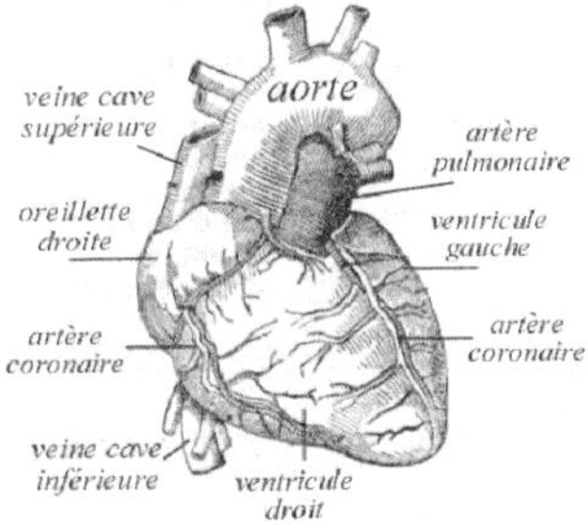

Le ventricule gauche l'envoie, par l'*aorte,* aux *vaisseaux capillaires* (latin *capillus,* cheveu), qui sont d'une extrême finesse (>10 millionièmes de mm) et ont la charge de collaborer au *métabolisme* (grec *metabolê,* changement) en nourrissant les tissus par les échanges d'oxygène et de gaz carbonique.

Les *veines* le ramènent par l'oreillette droite, il passe dans le ventricule droit, est projeté dans les capillaires pulmonaires et revient au ventricule gauche par l'oreillette gauche.

Une circulation rapide : en 1 minute, le sang fait 2 fois le tour du corps ; pour ce faire, le *cœur* est aidé par les *artères* qui se distendent et se retendent avec lui. Les contractions musculaires poussent le sang dans les *veines* qui ont des *valvules* pour l'empêcher de revenir en arrière.

Les oreillettes
(petites oreilles)
2 cavités supérieures.

Les ventricules
(lat *ventriculus,* petit ventre)
2 cavités inférieures séparées par une cloison.

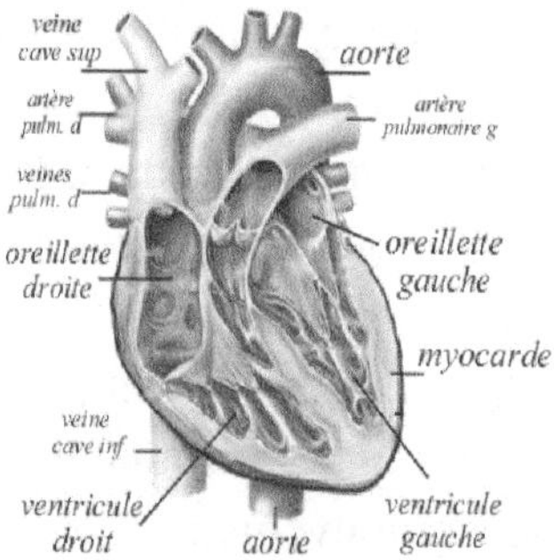

L'oreillette communique avec le ventricule situé de son côté, mais les parties droite et gauche du cœur sont séparées.

On distingue 3 formes de circulation du sang :

1 - la petite circulation (poumons)

Elle amène le sang chargé de gaz carbonique au poumon par le ventricule droit et les artères pulmonaires et le ramène, réoxygéné, à l'oreillette gauche par les veines pulmonaires.

2 - la grande circulation (en haut et en bas)

Part du ventricule gauche et, par l'*aorte,* irrigue tous les autres organes en sang oxygéné ; puis, les veines caves le ramènent à l'oreillette droite qui le transmet au ventricule droit.

3 - la circulation porte

Comme son nom l'indique, elle prend le sang venant de l'intestin et l'amène au foie par la *veine porte,* ainsi appelée parce qu'elle joue le rôle de porte, d'orifice, de passage.

Les troubles circulatoires sont nombreux.

Nous n'en verrons qu'un résumé :

L'infarctus du myocarde

(latin *infarcire*, remplir - grec *myo,* muscle et *kardion,* cœur) atteinte gravissime des artères coronaires.

La myocardite, altération du muscle cardiaque due à une inflammation.

La péricardite (grec *perikardion,* autour du cœur) est l'altération de la membrane entourant le cœur.

L'endocardite (grec *endo,* dedans) inflammation à l'entrée de l'aorte ou de l'artère pulmonaire.

La stase (grec *stasis,* arrêt), diminution de la vitesse de circulation du sang et son accumulation.

L'œdème (grec *oidein,* enfler), un gonflement dû à une infiltration de liquide organique.

L'hémorragie (grec *hémo-regnumi,* sang rompu) est la rupture d'un vaisseau sanguin.

La thrombose (grec *thrombôsis,* coagulation) est le résultat de la formation d'un caillot sanguin pouvant provoqures une *embolie.*

L'embolie (grec *embolos,* qui s'enfonce), obturation brutale d'un vaisseau sanguin par un caillot.

L'anoxie (sans oxygène) se traduit par le manque d'oxygène pouvant provoquer l'*infarctus.*

La congestion (latin *congenere,* accumuler), si elle est *cérébrale* (au cerveau), peut provenir d'une hémorragie.

Le magnétisme

1 - la prise de contact (p 35)

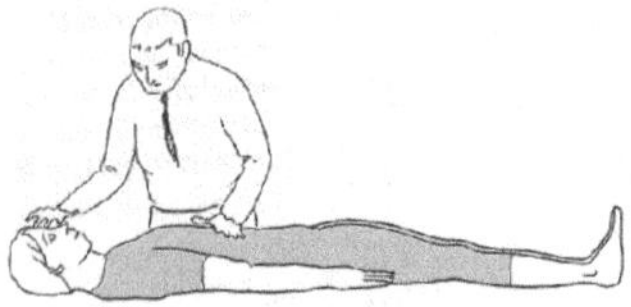

À faire de préférence en position couchée, le malade sera détendu.

La main posée sur le *plexus solaire* doit s'y maintenir plus de 3 mn.

2 - l'imposition palmaire (p 38)

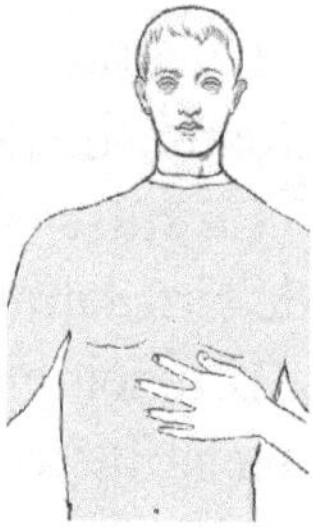

En respectant la polarité (p 29) en position *hétéronome,* imposer la main sur le cœur pendant 3 minutes.

L'action sera apaisante, soulagera le spasme et ramènera le calme.

3 - l'application (p 37)

Avec les mêmes précautions que précédemment, poser simplement la main *hétéronome* 2 minutes.

4 - les passes à grand courant (p 44)

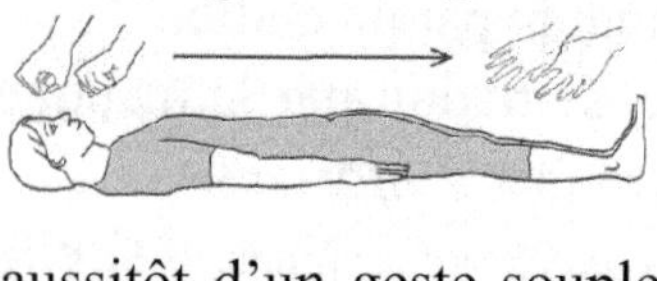

De la tête aux pieds, en débutant les poings fermés que l'on ouvre aussitôt d'un geste souple en pointant les doigts vers le haut, le corps se dégage et se régule.

En faire une dizaine de quelques secondes.

5 - les passes lentes (p 43)

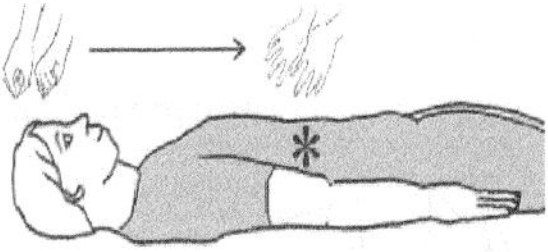

Maintenant, il s'agit de rendre sa force au corps pour résister au choc de la maladie. Plus lentes que les précédentes, elles se font de la tête au *plexus* et renforcent la défense immunitaire. 10 fois.

6 - les passes transversales (p 44)

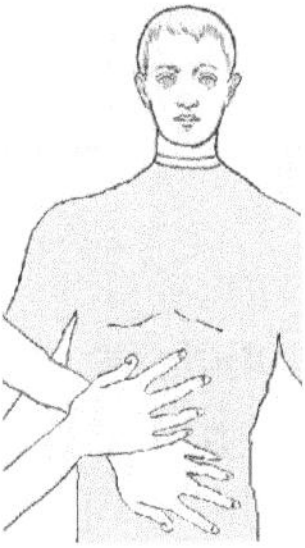

On agit sur le *plexus solaire* dans un geste vif, les mains croisées que l'on décroise rapidement.

Rejeter derrière soi les ondes nocives après chaque passe.

Pour une fois, le souffle chaud ne sera pas au programme !

Le magnétisme humain n'est pas une médecine, il renforce les défenses immunitaires de l'organisme

L'eczéma

Le mot vient du grec *ekzein,* bouillonner, ce qui veut tout dire. Affection cutanée caractérisée par des rougeurs, des vésicules suintantes, des croûtes et de squames (lamelles se détachant de l'épiderme), ce n'est pas à proprement parler une bénédiction.

Il est très fréquent que l'*eczéma* provienne d'un dérèglement du foie. Pour certains dermatologues, une atteinte du foie causerait la poussée d'*eczéma* après une crise morale ou nerveuse.

Ses variétés sont répertoriées : constitutionnel, de contact, marginé de Hébra, microbien, mycosique, séborrhéique ou du nourrisson, on peut les reconnaître par leur emplacement et par la cause de leur apparition.

constitutionnel: associé à l'asthme, au coryza et à la migraine, hérédité et allergie sont des éléments importants ; il se localise au visage et aux grands plis (du cou, de l'aine, du front et des rides du visage).

de contact : typique de certaines professions où les employés manipulent des produits allergisants ou médicamenteux. La ménagère peut aussi en être victime en utilisant des détersifs. Les produits de beauté, les fards, les collyres, le rouge à lèvres en sont fréquemment les sources.

marginé de Hébra : plus fréquent chez l'homme, il s'installe sur la face interne des cuisses et des aisselles.

microbien : provoqué par le streptocoque, il se fixe dans les jambes et le cuir chevelu.

mycosique : provoqué par des champignons microscopiques, il apparaît surtout au pied.

séborrhéique : souvent associé à des migraines ou à des troubles digestifs. Il se manifeste sur le tronc et le visage.

du nourrisson : il surgit à 3 mois sur le visage et disparaît souvent à 2 ans.

Quels qu'ils soient, ces *eczémas* sont souvent la retombée d'un état mental et moral au plus bas.

L'origine du mal étant démontrée, personne ne sera donc surpris si, outre le foie, le *plexus solaire* est encore au centre de notre dispositif.

Le magnétisme

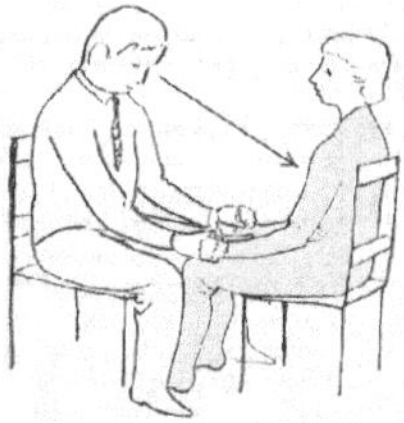

1 - la prise de contact (p 34)

Assis face à face, tenez-vous dos au Nord, vos genoux à hauteur de ceux de votre vis à vis qui pose les mains sur ses genoux, poings fermés, pouces levés. Mettez vos mains sur les siennes en fixant votre regard sur son *plexus solaire.* Votre but est de le rassurer, de lui rendre sa confiance. Restez ainsi 2 ou 3 minutes, sans bouger.

2 - l'application (p 37)

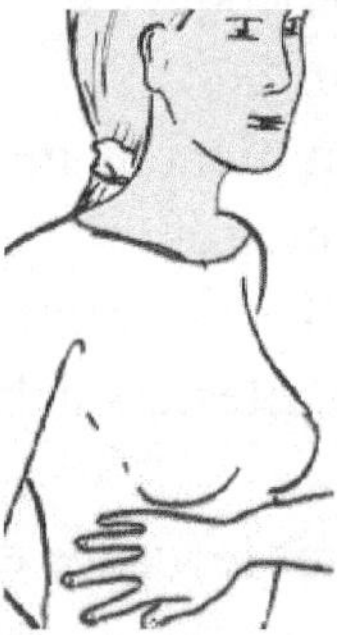

Pour les raisons citées plus haut, c'est le foie qui profitera de notre attention le premier.

Posez la main droite si vous êtes droitier, gauche dans le cas inverse, sans appuyer trop fort ni bouger, juste au dessous du sein droit, pendant 2 minutes au moins.

Le foie joue un rôle physiologique essentiel : sécrétion de la bile, métabolisme des glucides, des protides et des lipides, épuration et détoxication, synthèse de substances régissant la coagulation, stockage de vitamines (A, B, K).

3 - l'imposition digitale circulaire (p 39)

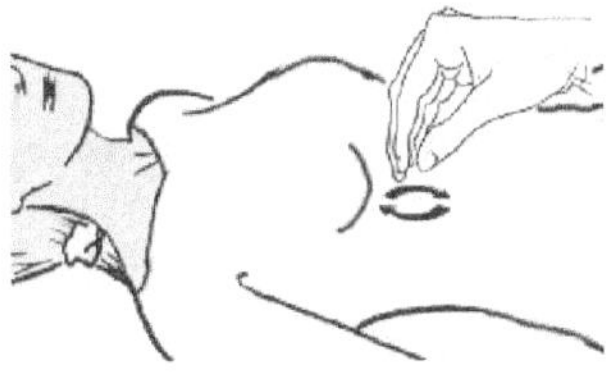

Toujours sur le foie, les doigts en pointe, décrire des cercles dans le sens des aiguilles d'une montre pour un droitier, avec un mouvement bref et rapide. 15 fois.

4 - les passes à petit courant (p 43)

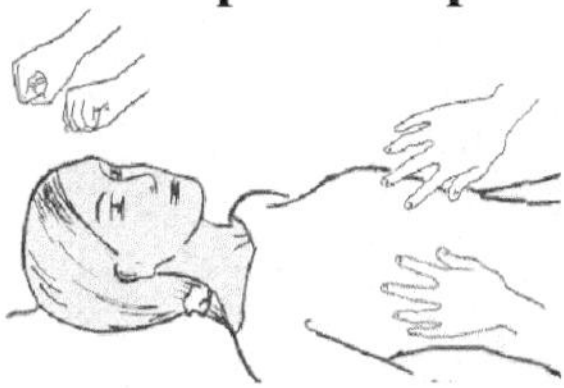

Du *chakra crânien,* on part les mains fermées et on les ouvre en descendant jusqu'à hauteur du *plexus solaire.*

Durée 20 secondes environ, à faire 10 fois.

5 - les passes transversales (p 44)

Sur le *plexus solaire.*

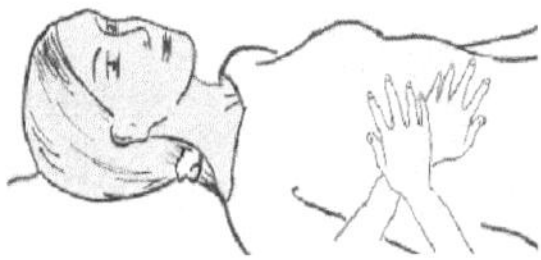

Croiser les mains, puis les décroiser vivement, les retirer et jeter derrière soi pour la protection.

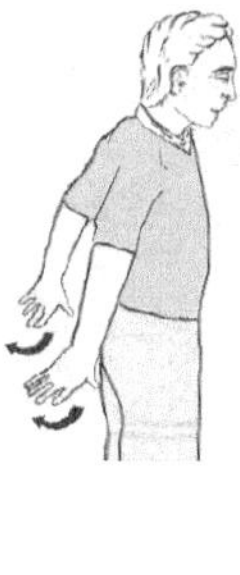

Veiller à ce qu'il n'y ait personne qui recevrait les ondes nocives...

Cette opération simplissime peut être répétée autant de fois que possible pour le dégagement du plexus et celui du foie qui profite de l'opération.

6 - le souffle chaud (p 45)

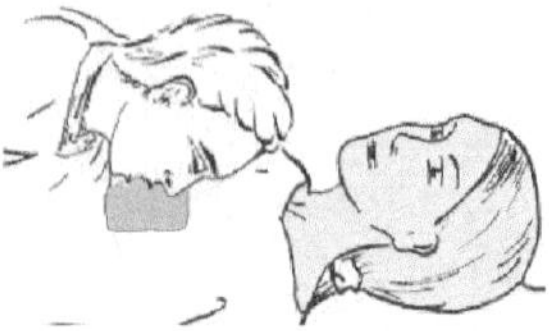

Après en avoir exécuté 10 sur le *plexus solaire,* en faire 20 directement sur le foie, à droite du plexus.

Il faut ensuite s'occuper des sites où l'*eczéma* est implanté :

Constitutionnel : souffler sur les traces visibles dans les plis du visage et aux grands plis du cou, de l'aine et du front. 10 fois.

De contact : les articulations des doigts sont atteintes à cause de l'usage de produits ménagers. Souffler 10 fois sur chacune, à la façon d'un baise main...

Marginé de Hébra :

souffler à travers un tube de carton où se trouvent les traces d'*eczéma,* sur la face interne des cuisses ou des aisselles.

10 fois.

Microbien : fixé dans les jambes et le cuir chevelu. 10 fois.

Mycosique : il apparaît surtout au pied. Souffler sur les traces d'*eczéma,*

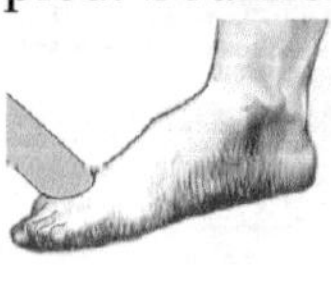

sur les orteils ou sur la cheville, 10 fois.

Séborrhéique : Il se manifeste sur la poitrine et le dos ou sur le visage. Faire 10 à 15 souffles aux endroits touchés.

Du nourrisson : Sur un bébé, on doit agir très délicatement et uniquement avec le souffle chaud dispensé le plus doucement possible. Sinon on s'abstient.

Ne pas en faire sur le foie, trop fragile ; éviter les impositions et les passes.

Cette séance doit se renouveler matin et soir les 3 premiers jours, une fois les jours suivants.

On peut y associer l'*eau aimantée*...

(*Comment utiliser les aimants,* mêmes auteur et éditeur)

Le magnétisme humain n'est pas une médecine,
il renforce les défenses immunitaires de l'organisme

Les verrues

Cette tumeur bénigne de l'épiderme peut être provoquée par un virus ou ne pas avoir de cause connue. On en distingue plusieurs sortes :

1 - d'origine virale, elles sont contagieuses.

Les *verrues vulgaires* s'implantent souvent sur les mains et les doigts, parfois sur le visage. Elles forment des excroissances grisâtres, mamelonnées.

Les *verrues planes* apparaissent sur le front et les doigts des enfants. Des papules (petites saillies fermes et brunâtres, sans cicatrices) forment des amas de faibles dimensions.

Les *verrues plantaires,* comme le nom l'indique, se situent sur la plante du pied et sont très douloureuses à la marche.

2 - *Verrues séborrhéiques* (des glandes de la peau), ne sont pas contagieuses et touchent surtout les sujets âgés. Sur le dos et dans les plis mammaires.

Le magnétisme

1 - la prise contact (p 34)
De préférence en position assise pour agir au départ sur le *plexus.*

2 - l'imposition palmaire circulaire (p 39)
Décrire lentement 20 cercles avec la main.

3 - l'imposition digitale perforante (p 39)

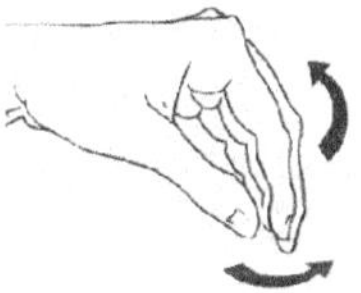

On ne tourne que dans un sens en même temps qu'on tire vers le haut, comme si on arrachait une vis. 10 fois.

Éradique la verrue qu'on jette aussitôt derrière soi en veillant que personne ne reçoive les ondes nocives.

4 - le souffle chaud (p 45)

Intercaler un tube de carton et souffler 10 fois au moins sur chaque verrue.
Les actions 3 et 4 sont les plus importantes.

Les reins

Quand on parle des *reins,* on y associe souvent des douleurs qui n'ont aucun rapport avec eux, le *lumbago* et la *lombalgie,* par exemple, que l'on traduit par "tour de reins". Le terme n'est valable que sur le plan géographique, la douleur semblant venir de là. Ce sujet est déjà traité en page 86.

Maintenant, examinons les *reins*.

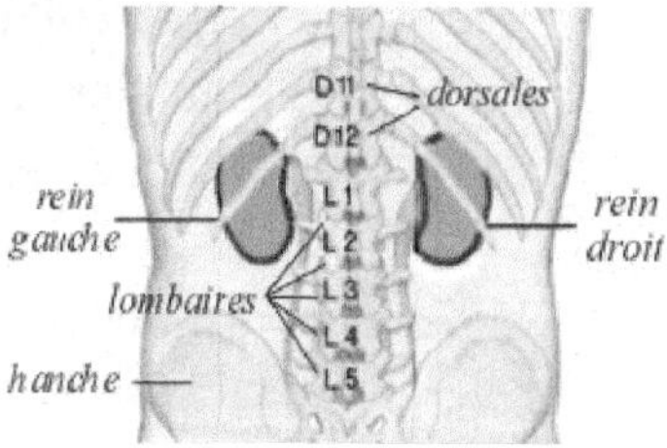

Ce sont les deux organes de sécrétion de l'urine placés de part et d'autre de la colonne vertébrale, à hauteur des 11e et 12e vertèbres dorsales et des 1e et 2e lombaires.

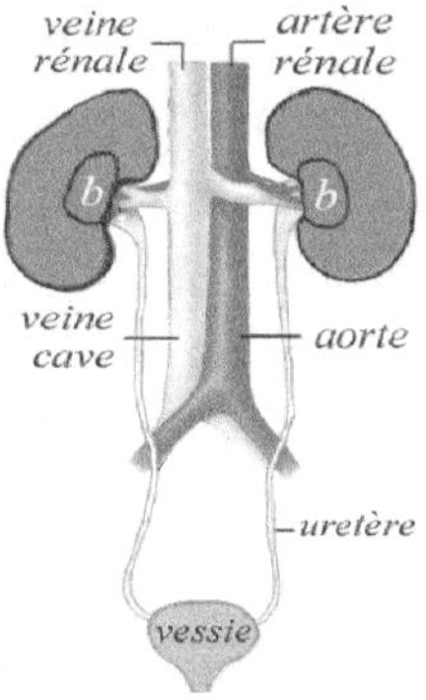

Ils ont une forme de haricot et une couleur rouge foncé ; le sang à filtrer arrive par l'*artère rénale,* passe dans un "tamis" et repart, purifié, vers le cœur par la *veine rénale.* L'*urine,* de son côté, est déversée dans le *bassinet* (*b*), puis passe dans l'*uretère* et rejoint la *vessie* où elle est stockée (350 cl maximum) en attendant son évacuation par l'*urètre* (4 cm chez la femme, 16 cm chez l'homme). L'*urine* est formée d'eau à 93 % et d'un résidu de sels minéraux, de déchets azotés (*urée*) et de divers acides.

Autre participant à cette besogne : le *néphron,* dont le nom grec signifie simplement *rein.*

Le *néphron* est l'unité de base du rein, faite du *glomérule* (filtre du plasma sanguin) et des tubes qui s'y rattachent. Le rein humain comprend 1 million de *néphrons,* soit autant d'occasions d'avoir une *néphrite* (ou *néphropathie*). C'est l'affection type du rein qui se divise en plusieurs sortes suivant le siège de la lésion. Nous ne les détaillerons pas...

La *colique néphrétique* (mot issu de *côlon,* appliqué à ces douleurs abdominales) est causée par le blocage soudain des voies urinaires en s'accompagnant de douleurs intenses.

Une concrétion (latin *concrescere*, se solidifier) s'est formée dans le *bassinet* et un *calcul* (latin *calculus*, caillou) obstrue le passage de l'*urine* qui devient de plus en plus pénible. Le rein peut en mourir.

La *cystite* (grec *kustis*, vessie) est une inflammation aiguë ou chronique de la vessie qui provoque des brûlures au passage de l'urine et peut être due à une maladie de l'appareil urinaire entier. Bien plus fréquente chez la femme, elle se signale par une douleur au niveau du pubis, une envie fréquente d'uriner, surtout la nuit.

L'*urée* (de *urine*) est produite par le foie et le taux doit être de 0,15 à 0,50 gramme par litre de sang.

L'*urémie* est l'accumulation dans l'organisme de produits azotés (en particulier l'*urée*), en général liée à une *insuffisance rénale.*

L'*insuffisance rénale aiguë* est due à la mauvaise élimination des déchets dans l'urine.

L'*acide urique* est le produit de l'assimilation des acides aminés, évacué dans l'*urine.* Le taux normal est de 40 à 60 mg chez l'homme et 40 mg chez la femme. Les excès alimentaires entraînent la *goutte* (poussées inflammatoires des articulations) plus fréquente chez l'homme.

Le *rein* est un organe délicat ; s'il manifeste un signe de trouble, consulter le médecin.

Et le magnétisme sera une aide appréciée.

Le magnétisme

La séance peut paraître longue et compliquée, mais l'importance des fonctions essentielles qui sont atteintes la justifie grandement.

1 - la prise de contact (p 34)

Le malade étant couché pour son confort, poser la main droite sur son front et la gauche sur le *plexus solaire* pour un droitier, l'inverse pour un gaucher. Rester ainsi, immobile, 2 minutes.

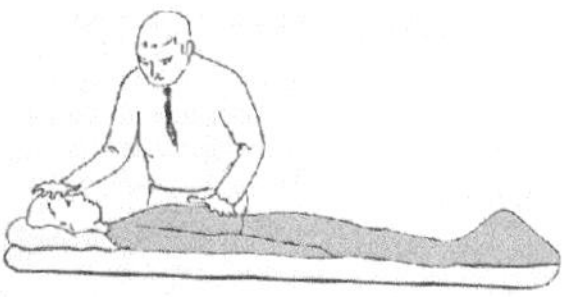

2 - l'imposition palmaire circulaire (p 38)

Sur les *reins,* une main, droite ou gauche en fonction de la polarité, décrit un geste circulaire, à 2 ou 3 centimètres de la peau.

20 fois, le plus lentement possible en fonction de l'état du malade.

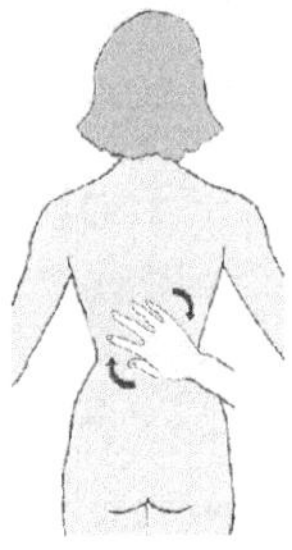

3 - l'imposition digitale circulaire (p 39)

Au même endroit, les doigts réunis en pointe sans se toucher décrivent un cercle bref et rapide.

30 fois.

4 - les passes à petit courant (p 43)

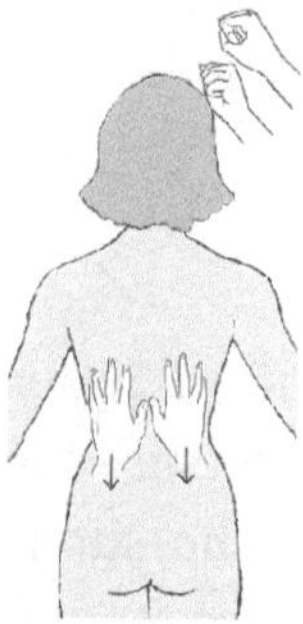

Les deux mains fermées partent du sommet du crâne et s'ouvrent en descendant pour arriver à hauteur des reins ; elles sont énergiquement secouées en arrière pour jeter les mauvaises ondes ; elles se referment ensuite avant de remonter pour recommencer.

Le faire 10 fois.

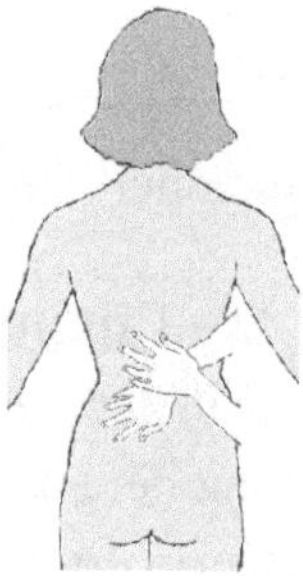

5 - les passes transversales (p 44)

Les précédentes à peine terminées, et sans quitter les reins, croiser les mains et les décroiser vivement.

30 fois.

6 - l'effleurement (p 52)

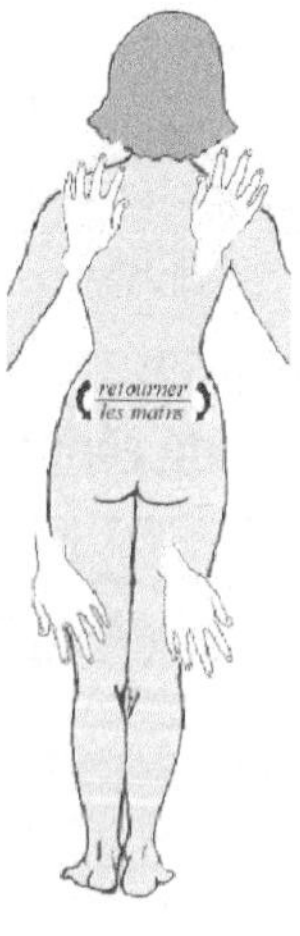

Débuter sur les épaules, les mains ouvertes effleurant légèrement la personne ; descendre lentement vers les hanches. Marquer un arrêt.

Retourner les mains et descendre aux pieds.

Remonter les mains et reommencer 10 fois.

Penser à la *protection*.

7 - le souffle chaud (p 45)

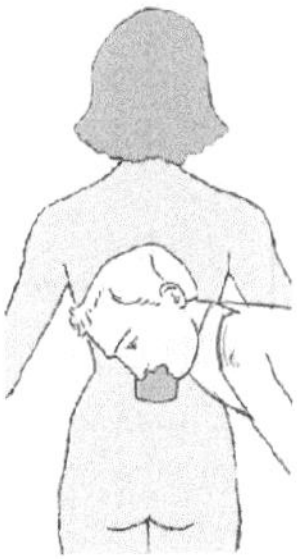

Il revêt un grand intérêt pour les reins qu'il rend plus réactifs contre la maladie en rechargeant leur énergie défaillante. 25 fois.

Au cas où le temps manquerait un jour et s'il fallait se contenter d'une séance très brève, il faudrait faire au moins le *souffle chaud.*

Dans ce cas là, souffler 50 fois...

Renouveler la séance intégrale deux fois pendant trois jours, une fois ensuite.

Le magnétisme humain n'est pas une médecine,
il renforce les défenses immunitaires de l'organisme

La crampe

La *crampe* (francique *kramp,* crampon) touche très souvent le *mollet* (francique *mol,* mou), qui est formé par les *muscles jumeaux* (*mj*) lui donnant son galbe ; reliés au *talon d'Achille* (*ta*), ils produisent la flexion du pied sur la jambe. Ce sont eux (avec d'autres tels les *cruraux*) qui nous propulsent quand nous montons l'escalier, qui tournent les pédales du vélo, etc...

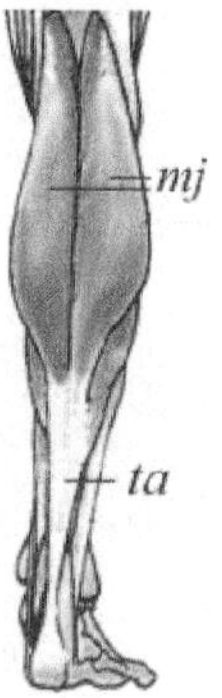

Une *crampe* atteindra n'importe quel muscle, le plus souvent provoquée par une fatigue due à un manque (ou un excès) d'entraînement.

La transpiration dans un air froid la favorise, de même que l'eau du bain trop fraîche...

Alcoolisme, diabète, corticoïdes, diurétiques et manque de sodium sont des facteurs favorables.

Le magnétisme

1 - le souffle chaud (p 45)

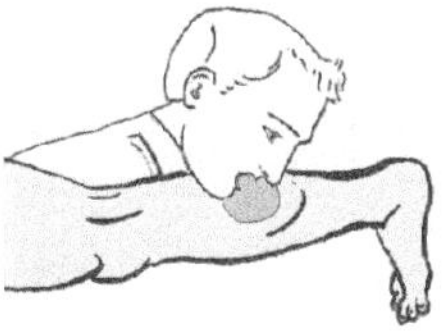

On commence par lui, car c'est l'élément déterminant, la chaleur du souffle permettant au muscle de se relâcher tout de suite. En faire 25.

2 - la prise de contact (p 34)

Le moindre mouvement étant très douloureux, laisser le malade dans la position qui lui convient le mieux.

3 - l'imposition palmaire (p 38)

La main tenue à 2 cm au dessus du muscle reste immobile, décontractée, pendant 2 minutes.

4 - l'imposition palmaire circulaire (p 38)

Identique à la précédente, mais en décrivant une rotation - attention à la polarité.

5 - les passes transversales (p 44)

Croiser et décroiser les mains très vivement sans toucher. 10 fois.

2 séances par jour pendant 3 jours.

Les varices

Les *varices* (latin *varix*) sont constituées par une dilatation permanente des veines qui se joint à une altération de la paroi veineuse. Elles se tiennent surtout dans les jambes et les cuisses et touchent les personnes qui demeurent longtemps debout et immobiles. Elles s'aplatissent lorsque le membre est étendu. Les "jambes lourdes" et le gonflement des pieds le soir en sont la résultante notable.

Les varices peuvent parfois saigner et la peau à leur proximité n'est pas en très bon état.

Les *hémorroïdes* (grec *hémo,* sang - *rhein,* couler) en sont les équivalences à l'anus.

La contraception par la pilule est déconseillée à la femme porteuse de varices.

Le magnétisme

1 - la prise de contact (p 34)

Elle se fait indifféremment en position assise ou couchée, le principal étant d'être en symbiose.

2 - l'imposition palmaire circulaire (p 38)

La main décrit des cercles à 2 cm au dessus des varices, dans le bon sens et sans les toucher, pendant 2 mn.

3 - l'imposition digitale circulaire (p 39)

La même main, en position digitale, décrit aussi des cercles durant 2 mn.

4 - les passes à petit courant (p 43)

Des reins aux pieds, en commençant avec les mains fermées, descendre lentement (20 sec) et remonter aussitôt. 15 fois. Penser à la protection.

5 - Le souffle chaud (p 45)

Intercaler un tube en carton et souffler 30 fois sur chaque varice.

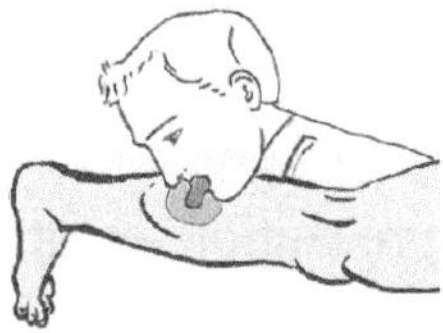

2 fois par jour, puis 1 fois.

Noter que la même technique peut s'appliquer sur des hémorroïdes...

Les règles douloureuses

Dysménorrhée, du grec *dys,* manque, et *mênos,* mois, mensuel. En français courant, on dit “règles douloureuses”. Les premières, chez la jeune fille, sont parfois accompagnées de nausées, de maux de tête, de douleurs au ventre, de vomissements.

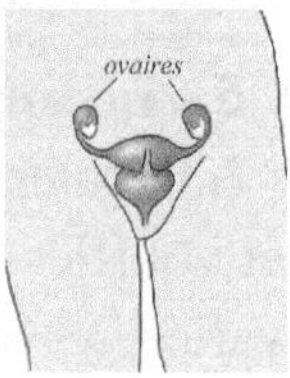

Elles sont généralement bénignes, mais une visite médicale vérifiera s’il n’y a pas de cause organique. Cette précaution étant prise, on soulagera la patiente avec le magnétisme.

Les *ovaires* peuvent être enflammés (*ovarite*) à la suite d’une *dysménorrhée* ou en être la cause première. L’état nerveux et l’anxiété sont souvent à l’origine du mal.

Le magnétisme

1 - la prise contact (p 35)

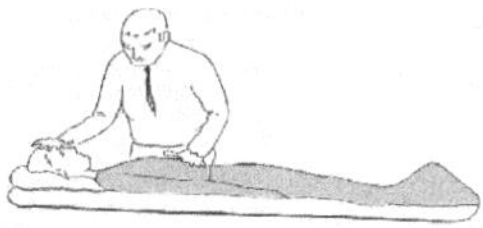

Étendue, une main sur le front (*3ᵉ œil*), l'autre sur le *plexus solaire.* 2 minutes.

2 - l'imposition palmaire (p 38)

Imposer la main *hétéronome* sur le *plexus solaire* durant 2 minutes pour la décontraction.

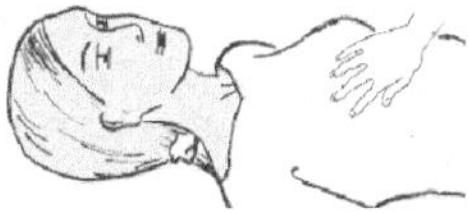

3 - les passes à grand courant (p 44)

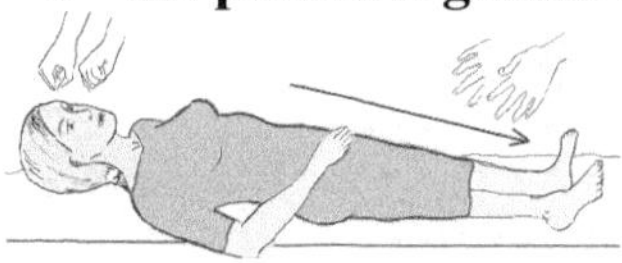

Destinées à dégager le corps, se font de la tête aux pieds. 10 fois.

4 - la friction traînante (p 53)

Cette fois, c'est directement sur les ovaires qu'il faut agir. 10 fois.

5 - les passes transversales (p 44)

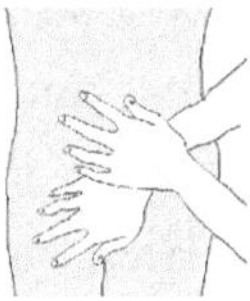

Au même endroit, croiser et décroiser vivement les mains en jetant les ondes nocives et sans oublier la *protection.*

6 - le souffle chaud (p 45)

Souffler 30 fois sur chaque ovaire.

2 séances par jour pendant 3 jours.

La brûlure, l'hématome

La *brûlure* a 3 niveaux de gravité :

1e degré : rougeur diffuse et gonflement local.

2e degré : derme mis à nu, parsemé de cloques.

3e degré : atteinte totale, aspect parcheminé.

S'y ajoute l'étendue de la peau touchée ; si elle n'est que du 1e degré mais couvre une très grande surface, le diagnostic sera sévère.

Bien entendu, nous ne considérerons ici que les brûlures sans gravité, les autres étant du domaine de spécialistes.

L'*hématome* (grec *haimatos,* sang et *ome,* maladie) est le résultat (*bleu*) d'un coup violent dont les traces disparaissent en 12 ou 15 jours. Plus douloureux que dangereux s'il n'est pas important.

Le magnétisme

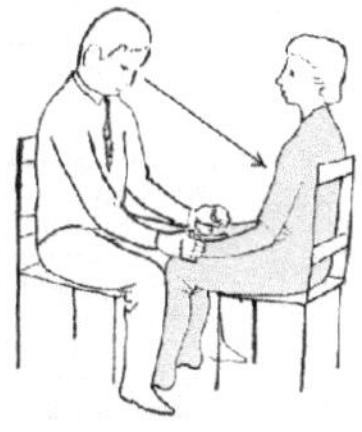

1 - la prise de contact (p 34)
S'il n'est pas couché, se fait en position assise pour la sérénité du malade. 2 minutes.

2 - l'imposition palmaire circulaire (p 38)

En position *hétéronome,* laisser la main à 2 cm au dessus du mal en effectuant des rotations dans le bon sens (montre ou inverse) durant 2 minutes.

3 - les passes transversales (p 44)

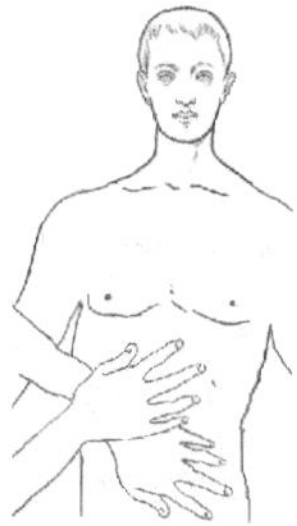

Mains croisées et décroisées dans un geste vif pour attirer le mal qu'on rejette derrière soi en évitant d'atteindre quelqu'un qui pourrait s'y trouver.

4 - le souffle chaud (p 45)
Il est probable qu'il réveillera un peu la douleur, ce qui ne doit pas être pris en compte, car celle-ci sera apaisée aussi vite. 20 fois.

Le magnétisme humain n'est pas une médecine,
il renforce les défenses immunitaires de l'organisme

En conclusion

Il faut toujours conclure ; ici plus qu'ailleurs, le *magnétisme* n'étant pas une science exacte.

Concernant l'*immunité :*

Depuis le début de cet ouvrage (voir page 18), nous parlons de la *défense immunitaire.*

Nos ancêtres étaient plus résistants face à une infection, et pourtant ils ne s'en protégeaient pas autant que nous. Vivre dans une bulle aseptisée, c'est comme rester nu dans une pièce surchauffée en étant à la merci du moindre courant d'air.

Nous avons appris à nous soigner d'affections contre lesquelles nous étions pourtant fort bien équipés à l'origine ; c'est seulement une absence d'entraînement qui nous a fragilisés.

Aujourd'hui, au prétexte de nous protéger, on nous fait vivre dans une ambiance stérilisée, tels des produits de laboratoire. Éviter de se frotter à tout ce qui est porteur de germes devient le mot d'ordre. Mais la climatisation des lieux publics les tue plus sûrement qu'un vaccin, ce qui fait de nos défenses immunitaires un élément inutile qui se repose et n'est pas prêt à résister à une attaque en règle. Les citadins ne supportent pas la vue d'une crotte de chien, et pourtant elle est nécessaire à l'environnement naturel qui s'en sert de régénérateur. Ce n'est qu'un exemple...

À propos des animaux, il est bon de rappeler les bienfaits qu'ils apportent à leur entourage par le calme et la sérénité qu'ils développent avec leur magnétisme. On constate que les pensionnaires de certaines maisons de retraite se portent beaucoup mieux depuis qu'on leur permet d'avoir un chien auprès d'eux. Le chat a un extraordinaire pouvoir calmant, au point que nombre d'écrivains en ont un en permanence sur leur table. Le bien-être et la santé des enfants bénéficieraient de la présence d'un animal domestique à la maison.

Ne plus fumer est une excellente chose, mais il ne faudrait pas que cet arbrisseau cache la forêt de la pollution atmosphérique ! Que fait-on contre les fumées industrielles ?

On fait de la science avec des faits, comme on fait une maison avec des pierres ; mais une accumulation de faits n'est pas plus une science qu'un tas de pierres n'est une maison. (Poincaré)

En effet, et les magnétiseurs le savent, ce n'est pas en accumulant impositions, passes et souffles à l'emporte-pièce qu'on obtient un résultat.

Il faut le lien, le ciment de l'amour sans lequel le geste ne deviendra jamais bénéfique et salvateur.

La confiance que le magnétiseur inspire à son malade vient ensuite l'épauler pour amplifier les effets de son magnétisme.

En magnétisme plus qu'ailleurs, il faut vouloir pour pouvoir. Réveiller les défenses immunitaires de quelqu'un est un acte important et délicat qui ne supporte pas d'à peu près. On n'impose pas une main en songeant à autre chose !

La concentration est, avec l'amour, la base d'un magnétisme fort et efficace.

Mais il faut aussi provoquer la confiance totale.

Savoir donner confiance en quelques mots sera le second point clé de l'ensemble.

Le reste n'est plus que méthode et théorie.

En tout cas, je souhaite que ce livre vous aide à mieux vivre. Merci de l'avoir lu.

Achevé d'imprimer en février 2014
sur les presses de la Nouvelle Imprimerie Laballery
58500 Clamecy

Dépôt légal : février 2014
N° d'impression : 401323

Imprimé en France

La Nouvelle Imprimerie Laballery est titulaire de la marque Imprim'Vert®